《南方农村报》创刊50周年书系

南农印象

主编：张东明　徐　勇

黄河水利出版社
·郑州·

图书在版编目(CIP)数据

南农印象 / 张东明，徐勇主编. —郑州：黄河水利出版社，2012.11
ISBN 978－7－5509－0372－2

Ⅰ.①南… Ⅱ.①张… ②徐… Ⅲ.①农村-社会主义民主-建设-研究-广东省 Ⅳ.①D638

中国版本图书馆CIP数据核字(2012)第255183号

组稿编辑：王志宽 电话：0371-66024331 E-mail:wangzhikuan83@126.com

出 版 社：黄河水利出版社 网址：www.yrcp.com
地址：河南省郑州市顺河路黄委会综合楼14层 邮编：450003
发行单位：黄河水利出版社
发行部电话：0371－66026940、66020550、66028024、66022620(传真)
E-mail：hhslcbs@126.com
承印单位：河南省瑞光印务股份有限公司
开本：880 mm×1 230 mm 1 / 16
印张：12.25
字数：237千字 印数：1—1 100
版次：2012年11月第1版 印次：2012年11月第1次印刷

定价：120.00元

编委会名单

公益福彩 造福一方

黄严冰

『广东省福利彩票发行25年来，所筹集福彩公益金用于兴办福利事业项目2万多个，今后4年将投入8 000万元兴建200个农村养老服务示范项目。』

自1987年12月18日福利彩票正式在广东省发行以来，广东省福利彩票发行中心坚持“公平、公正、公开、公信”的发行原则，忠实践行“扶老、助残、救孤、济困”的发行宗旨，把每一分福利彩票公益金都用在刀刃上，为老百姓办实事、办好事、办大事，充分体现“以民为本，为民解困”的核心理念和“用之于民，取之于民”的科学内涵，彰显福利彩票“公益”价值。25年来，走出了一条具有广东特色的福利彩票发展之路，为社会公益事业和农村的发展做出了重大贡献。

1987年至2011年，全省共销售福利彩票749亿多元，销售总量名列全国第一，筹集福利彩票公益金237亿元。

在各方大力支持下，广东省福利彩票发行实现快速、健康增长，特别是2010年，全省福利彩票销量突破113.55亿元，为中国福利彩票事业率先掀开了单省销量突破百亿的崭新一页，被民政部记集体一等功。2011年，广东省福利彩票销量再创新高，销售104.7亿元，居全国之首。

广东省福彩公益金其中上缴中央部分用于支持社会保障基金、社会福利事业、城乡医疗救助及青少年课外活动设施建设等公益事业。

省级以下留成部分主要用于农村敬老院、社会福利院、光荣院以及精神病院、荣军医院、流浪乞讨人员救助设施、残疾人事业、特殊教育学校、慈善医院、社区服务中心、殡葬设施等福利服务设施的兴建、改建、扩建，发展社会福利公益事业。

近年来，省级福利彩票公益金重点用于开展了“社区老年福利服务星光计划”、“残疾孤儿手术康复明天计划”、“千间敬老福星工程”，改建、扩建了大批敬老院、福利院。福利彩票公益金还安排一定的比例用于残疾人事业、城乡基本医疗救助等。同时，还资助粤东、粤西、粤北山区14个经济欠发达地区福利公益项目，扶持欠发达地区社会福利公益事业的发展，极大地促进了当地社会福利公益事业水平。

另外，多年来，广东省福利彩票发行中心艰苦创业，厉行节约，专门从发行工作经费中安排资金支持我省公益慈善事业，资助了一大批弱势群体。2010年荣获民政部颁发的2009年度“中华慈善奖”特别奖。广东省福利彩票发行中心先后投入2 400万元资助了我省4 800名生活困难大学生上大学、200万元资助我省贫困家庭18岁以下先天性心脏病患者进行手术治疗……

目前，广东省福利彩票公益金已累计资助兴办各类福利事业项目2万多个。

我省还将全面推进农村养老服务建设“幸福计划”，今后4年将投入省级福利彩票公益金8 000万元，在全省打造200个农村养老服务示范项目。从2012年起，将每年50%的省级福利彩票公益金用于养老服务体系建设。

二十五年不易，未来路更长，广东省福利彩票发行中心愿与《南方农村报》共勉，为中国农村发展事业添砖加瓦！

（作者系广东省福利彩票发行中心主任）

省民政厅刘洪厅长等领导为福彩三排移民新村奠基

2010年至2011年开展“扶贫济困专项募集”福利彩票销售活动，共筹集扶贫济困资金3 359万元，其中安排1 300万元用于清远市连南县建设的31栋62套具有瑶族特色文化元素的民居，以解决高寒山区三排镇老三排自然村村民交通难、饮水难、就学难、就医难、住房难等“五难”问题。

2012年10月广东福彩爱心育苗班开班仪式

今年，全省各级福彩中心累计投入超过200多万元资金，全额资助全省各地2000名贫困少年儿童参加由当地青少年宫开设的各类才艺技能培训班。

广州市老人院

投入福彩公益金6 610万元，在全省统一实施“千间敬老福星工程”，改建、扩建900多间条件较差的乡镇敬老院，从根本上改善了供养环境，提高了五保老人的生活水平。

前　言

《南方农村报》是南方报业传媒集团的第一份子报。创刊于1963年1月，当时为《南方日报农村版》，“文化大革命”期间被迫停刊。1980年2月复刊为《广东农民报》，1994年更名为《南方农村报》。

《南方农村报》以“专门为农民说话、专业为农民服务”为社会情怀，敢于说真话的勇气，被誉为全国“三农”媒体的标杆和旗帜，是公认的“中国农村第一报”。

作为中国最具影响力的涉农媒体群，《南方农村报》拥有报纸、杂志、网站、手机客户端、行业QQ群等全媒体形式。主报《南方农村报》，杂志《农财宝典》分畜牧、水产、农化、种业等版本，拥有南方农村报网、新牧网、南方农资论坛、南方畜牧论坛、南方水产论坛、南方农产品贸易网、手机终端柑橘通以及华南农资、南方柑橘等多个专业QQ群。

同时，《南方农村报》也是具有独特价值的“三农”综合服务商。拥有广东大平台农业股份公司、南方报业传媒集团“三农”研究院、广东省南方“三农”咨询服务中心等大型服务“三农”平台，旗下系列品牌活动包括中国农村发展论坛、华南农资博览会、南农科技下乡直通车、读者之家、凤凰山论坛、“小草行动”等。

50年来，《南方农村报》对农民、农业、农村执着笃诚，在华南农村地区具有很强的公信力和影响力。在城市化进程不断加快的今天，《南方农村报》仍保有近40万份的发行量，且九成以上是农户自费订阅，在中国涉农媒体中绝无仅有。

值《南方农村报》创刊五十周年之际，为答谢社会各界对《南方农村报》的关注和支持，特推出记录《南方农村报》推动乡村发展实践的图文集《南农印象》。该集主要收录了由记者、农民、农村基层干部、专家学者、志愿者等共同参与的旨在探索农村公共空间的“南农实验”、旨在汇集公众智慧的“中国农村发展论坛”和旨在践行公益精神的“小草行动”三方面的图文资料。

《南农印象》的第一版块主要展示由南方报业传媒集团南方农村报、华中师范大学中国农村研究院联合发起并实施的南方新农村建设改革实验（南农实验）。探索的价值在于现实的召唤，《南方农村报》直面当前农村基层民主的发展困境，转换“村治”研究的理论范式，实现从理论研究到实证实验操作的跨越，整合学术、媒体、农村和市场等各方资源。“南农实验”团队经过历时六年的实验探索和实证研究，志在潮头唱大风，以“筚路蓝缕，以启山林”的拓荒精神，扎根农村切身体验南方农村的经济发展、生存状态、传统习俗和基层民主形态，在广东沿海的广育村、欧村、岳村和上能村，所推介的村社民主治理试验以培育和提升农民民主能力为核心，运用实验实证研究方法，直面广东四村农民生存状况，参与性介入农民利益和文化冲突，将现实困惑和问题上升为路径回应和理论升华。这种学术和实践层面探索无论是研究视角的切入，还是衔接传统和现代的路径延伸；无论是价值评判视角的转换，还是方法的选择和施用，都为学界深入探讨乡村民主化治理问题提供了研判方向和空间。

《南农印象》的第二版块主要展示汇聚全国“三农”问题研究的学术资源所开展的连续七届“中国农村发展论坛”。论坛年度主题鲜明，旨在汇集学术专家的智慧性建言，拓展研究的深度和广度，加之南方报业集团各媒体的助推宣传，向社会各界展示出学界对“村治”发展思考的全方位视角和理念。

《南农印象》的第三版块主要展示在《南方农村报》推动下，社会各界携手推进的公益性活动“小草行动”。本活动旨在利用媒体的公信力，联手地方志愿者，搭建城乡之间的桥梁，让更多爱心人士的爱心安全着陆，让更多的弱势群体获得帮助。活动主要的动力支点是社会各界人士对农民生存发展和生命运动的现实关注，是对价值判断标准的调适转变和对社会弱势群体的人文关怀。

本书编委会

2012年11月

目　录

共建新农村——南农实验

COLLECTIVELY BUILD
A NEW COUNTRYSIDE
NANNONG EXPERIMENT

I 向心力 Cohesion：探索公共空间——南农实验

“南农实验”背景简介：

新农村建设作为现代化新阶段的一项重要战略任务，在相当一段时期，成为我国社会经济生活的主旋律。新农村建设的核心在于人的发展。只有在新农村建设过程中实现人与社区的共同成长，不断培植社会资本，发育公民社会，我们才能从一种输血式的新农村建设转变为造血式的新农村建设。

基于这样的考虑，2006年4月，《南方农村报》与华中师范大学中国农村问题研究中心联合发起南农实验，在广东选取了四个村展开新农村建设实践模式的探索。南农实验的目标可以概括为：探索在广东这样一个经济远较内地发达的地区，如何利用本地丰富的经济与社会资源，以外部资源投入为契机，推动农民充分参与，自主自为，从而促进农村社区公民社会的成长。

2006年4月，华中师范大学中国农村问题研究中心主任徐勇（中）、《南方农村报》主编陈永（左）与实验村代表（右）签订合作协议，“南农实验”项目正式启动。

项目合作单位简介：

华中师范大学中国农村问题研究中心

华中师范大学中国农村问题研究中心的发展目标是要做中国最好的农村问题学术研究机构和农村发展政策咨询机构。该中心是教育部人文社会科学重点研究基地，也是国内高校中唯一的全国性农村问题综合研究机构。中心同国家民政部基层政权与社区建设司、湖北省委政策研究室合作共建。该中心多项研究成果为中央决策提供重要参考。截至2006年，中心共有研究人员和行政人员28人，其中，8位专职研究人员，16位兼职研究人员，4位行政服务及网络管理人员。所有人员中，拥有博士生导师资格的6位，教授12位，副教授6位，拥有博士学位的15位。美国哈佛大学费正清东亚研究中心Elizabeth J.Perry教授、美国斯坦福大学东亚研究所Jean.Oi教授、美国著名历史学家黄宗智教授、新加坡国立大学何包钢教授等受聘为中心的兼职教授。华中师范大学中国农村问题研究中心是一个开放的组织机构，形成了以华中师范大学为核心、覆盖全国的调查和研究网络。

中心现任主任为著名农村问题研究专家、“长江学者”、中国政治学会副会长徐勇教授，著名农村问题研究专家项继权教授为常务副主任。该中心一直致力于研究现代化进程中的中国农村和农民问题，在农村基层民主与治理的研究上尤为领先。中心在开展农村研究的同时，也开展一些实验，比如说，在湖北黄梅开展农村民主管理实验，在安徽蒙城岳东村开展农村社区综合发展实验，在湖北钟祥开展培养农村妇女参政能力的项目。南农实验也是这一系列农村发展与农民权利实验的延续。这些实验为农民合作能力与表达能力建设项目提供了坚实的理论支点以及丰富的经验，同时还锻炼出经验丰富的讲师，为本项目顺利推进打下了扎实的基础。

（2006年资料。华中师范大学中国农村问题研究中心自2011年1月1日起正式更名为华中师范大学中国农村研究院。）

《南方农村报》（2006年资料）

《南方农村报》的办报理念是“新农村推动力”，具体内涵分为三方面：其一是聚合精英力量与社会共识，推动政策制订；其二是守望农民利益，发育社会，监督权势，促进善治；其三是开发农村经济，联合厂商，维护市场，服务农民。

《南方农村报》现有工作人员67名，其中男性44名，女性23名，40多位员工来自中国各地的农村地区，2位员工是少数民族。大多数员工的农村家庭背景，除了能帮助报社维系跟农民的天然感情外，还有助于报社把握农村的真实情况，从而在办报理念和新闻报道方面定好位，把好关。报社员工特别是采编岗位人员中的女性成员，在报社的新闻工作中发挥了重要作用，她们往往更为关注农村中的妇女问题和留守老人、留守儿童问题，视角更为多元，情感更为细腻。

项目参与者简介：

项目负责人

徐勇，男，华中师范大学政治学研究院院长，中国农村研究院院长，教授，博导，兼任中国政治学会副会长。入选首批人文社科领域“长江学者”特聘教授。主要从事基层政治与乡村治理研究，是国内最早将实证研究方法引入政治学研究领域的学者之一，并从社会的角度研究政治发展，也是我国农村村民自治和城市社区自治研究领域的领先者。出版有《非均衡的中国政治：城市与乡村比较》、《中国农村村民自治》、《中国城市社区自治》等著作，负责本项目理论指导工作。

执行人

陈永，男，来自广东农村，《南方农村报》主编。作品《一个沉重的问号》1992年获广东省好新闻一等奖，1999年被评为全国农民报十佳新闻记者。2004年年底开始担任《南方农村报》主编，启动了“南方农村报·中国农村发展论坛”、“南农实验”、“中国最具行动能力三农人物”评选等具有建设性的公益活动，以媒体的独特力量参与和推动农村的发展。负责本项目整体推广工作。

毛志勇，男，来自江西农村，时任《南方农村报》记者，现为广东南方农村报经营有限公司总经理，毕业于复旦大学中文系，获文学学士学位。参与策划和组织了南农实验的启动工作。此外，还参与策划和组织了“南方农村报·中国农村发展论坛”和“中国最具行动能力三农人物”评选等活动。负责本项目推广工作。

马华，男，汉族，河南驻马店人，政治学博士，研究方向为乡村治理与中国政治。南农实验总干事，专职处理本项目日常工作，被评为2009年度中国十大农村治理创新人物。现为许昌学院特聘教授，中原农村发展研究中心副主任。著有《南农实验：农民的民主能力建设》。

南农一期（2006.04–2009.11）

项目基地村庄简介：

南农实验四个实验村都是各村庄自愿报名之后被挑选出来的。他们是本项目的目标人群，也是项目的重要合作伙伴。南农实验日常推进过程中，村庄一般能提供生活以及工作上的各种便利。

“南农实验”样本分布示意图

粤东北，梅州市
蕉岭县广福镇广育村

粤北，河源市
连平县上坪镇欧村

珠三角，
惠州市博罗县
石湾镇铁场村

粤西南，
吴川市吴阳镇
上能村

广育村位于梅州市蕉岭县。该县位于广东省东北部，韩江上游，西与平远县相连，东南与梅县接壤，北与福建省武平、上杭两县毗邻。205国道和天汕高速公路贯穿南北，扼闽粤公路交通之咽喉。全县总面积960平方公里，为全国总面积的万分之一，其中有山地113.4万亩，耕地11.5万亩，河、湖水面及其他面积18.7万亩。辖蕉城、长潭、三圳、新铺、文福、广福、蓝坊、南礤8个镇，共97个村委会和10个居委会。蕉岭是汉族客家民系聚居的地方。截至2004年底，全县总人口22.517 2万人，是广东的重点台乡之一，约有“三胞”56万人，其中祖籍在蕉岭的台胞46万人。

所属镇在蕉岭县城北端20公里处，是闽粤两省的接合部。东邻福建省武平县岩前镇，南邻本县文福镇，西接平远县泗水镇，北连福建省武平县中赤乡。全镇共辖有10个村委会124个村民小组及1个社区居委会，总人口14 121人，总面积107.3平方公里，其中耕地面积1.03万亩，山地面积14.9万亩。广育村距所属镇广福镇不到1公里，距所属县蕉岭县县城10公里，距所属市梅州市区40公里，距福建省武平县岩前镇6公里。全村现有村民444户，共1 786人，其中离退休及外嫁、搬迁到广育村的人数为200余。广育村以黄姓、邱姓、杨姓三个姓氏为主，其中黄姓人口最多，为1 200人，约占60%，邱姓为350人，约占30%，杨姓和其他姓氏（钟姓）约占10%。各个姓氏居住也相对比较集中，黄姓居住在老屋片和冈坝片，邱姓大部分居住在南坑片，部分邱姓和杨姓则居住在比较偏远的曾坑片。

欧村是一个自然村，隶属于广东省连平县上坪镇西坪村。所属县连平县地处粤北九连山区，距离广州市217公里、深圳278公里、珠海360公里、河源117公里。全县总面积2 365平方公里。2006年，全县共分为13个镇(元善、上坪、大湖、忠信、隆街、陂头、内莞、绣缎、高莞、油溪、田源、溪山、三角)，159个村委会，16个居民委员会。户籍总人口383 029人，其中农业人口301 550人，占全县户籍总人口的78.73%；非农业人口81 479人，占21.27%；全县社会劳动力21.76万人，其中农村劳动力19.89万人。

欧村距离上坪镇3公里，距离县城23公里，距离河源市区140公里，与广州最近距离241公里。该村现有农民32户共201人，分为两个村民小组。欧村现有水田99.4亩、旱地80亩、山地约800亩、山林近5 000亩。地少人多，可耕地面积十分紧张，大部分家庭依靠仅有的几亩水田保障口粮，经济作物以黄豆、花生为主，欧村人均收入2 000元。欧村属中亚热带季风气候，气候主要特征是：夏冬长、春秋短、气候温和、四季分明、光照充足、热量丰富、雨量充沛、降水季节明显。河源客家人居住十分集中，欧村更是一个典型的客家山村。这里谢氏聚族而居，没有一户杂姓，村中一间祠堂，已有一百多年的历史。以祠堂为依托，历经一百多年的建设，形成现今一个回字形格局，其间屋宇绵延，回廊迂深，外观上颇似一个封闭型的城堡。在欧村合作社进行住房改造前，整个欧村新建房屋很少，村内90%以上房子都是土木结构，有百年历史，还存在很大一部分危房。

铁场村隶属惠州市博罗县石湾镇。该县位于广东省东南部，珠江三角洲东北端，东江中下游北岸，东与惠州市区相接，南与东莞隔江相望，西连增城，北靠龙门、河源，毗邻港澳，在半径100公里范围内有广州、香港、深圳、惠州、东莞、河源等6座大中城市和惠州机场、深圳机场、广州白云机场以及大亚湾港口；该县是珠三角和穗港经济圈的重要组成部分，京九铁路经济增长带的咽喉地带。至今已有2 200多年的悠久历史，辖区面积2 982平方公里，常住人口76万人，海外侨胞和港澳台同胞15万人。

铁场村离石湾镇大概有7公里，距博罗县城大概为40公里，到东莞城区20公里左右。辖区面积为12平方公里，下辖朱黎、集桂、仁集和帅安4个村民小组，户籍人口6 622人，共1 514户，劳动力为3 739人，外来人口1万余人。铁场村可耕地面积9 000亩，其中，泥田占了大概三四成，而其余都是沙田。人均占有耕地在1.5亩左右。全村现有各类企业48家，2008年，全村实现国内生产总值8 220万元，集体纯收入1 200万元，农民人均纯收入7 800元，在全部收入中，厂房、市场等租金收入占七成，而土地租金与承包费收入仅占三成。截至2008年，铁场村共建设12万平方米厂房面积，固定资产7 000万元。

上能村隶属于吴川市吴阳镇新勇村委会，该镇地理位置优越，位于湛江、茂名两市之间，交通、通信便利。镇东紧靠南海，镇西接黄坡港，南有吴川港沙角旋码头，新建国道325线横贯全镇。镇中心离吴川市区15公里，西南至湛江市区35公里与湛江机场、火车站、湛江港相接，镇东北40公里有水东港、化州、茂名火车站。北临鉴江，南向吴阳围，毗邻国道325线，东距吴川市区15公里，西离湛江市区46公里。

上能村下设2个村民小组。依据自然居住地的大小，上能村又分为大村和小村。其中大村又分为北村和南村。村里的主要姓氏是李姓，占总数的64%，其次是林姓，占10%。村里一共有12个姓氏，杂姓比较多，有李姓、黄姓、许姓、林姓、董姓、麦姓，其中最少的是孙姓和冯姓，均只有一户。全村人口2 400多人，现有可耕地面积1 000多亩，人均约0.4亩。地势高低起伏不大，地貌以平原为主。革命战争时期，该村共牺牲了7位英雄儿女，现在所保留的上能小学革命旧址、上能革命祠堂旧址、上能抗日革命根据地都是良好的爱国教育基地。

广育村景

客家围屋

晒谷场

水井

对村庄进行需求评估阶段，项目组成员

到村民家进行访谈

到村庄小卖部进行访谈

与村干部进行会谈

对村庄企业家进行访谈

对村庄公益积极分子进行访谈

赴村民劳动场所进行访谈

广育村曾坑公路项目

曾坑村是广育的一个自然村，有着悠久的居住历史，居住人口有300人左右，该村距离村委会有8公里左右的山路。长期以来由于道路原因，曾坑村民与外界的联系相对较少。曾坑村民们盼着修路已有几十年，数年前该自然村集资8万元希望上届村委会能帮助其打通该村到行政村间的水泥路面，由于种种原因至今没有实现。

南农实验启动后，《南方农村报》毛志勇主任，南农实验总干事马华博士赴蕉岭县协商曾坑公路项目工作，与蕉岭县纪委书记卢尧生交流协商，通过多方努力取得了当地政府支持。同时，项目组成员以曾坑公路建设项目为切入点进行项目参与式民主实践，目的是通过参与到村庄具体的发展行动中进行相关的民主训练。

硬化前的泥土路面

村民投劳现场

硬化中的曾坑公路

延伸向远处的曾坑公路

经多方努力，曾坑公路于2008年12月正式通车。该项目发动乡贤、村民以及地方政府等共募集资金近300万元，完成了近9.5公里的山路。

修至村民家门前的曾坑公路

曾坑公路亮化工程

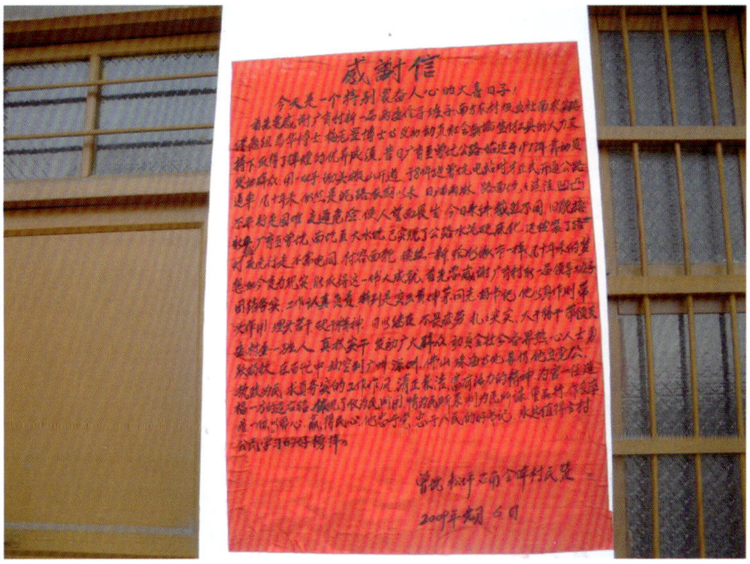

曾坑村民写给村委会及南农实验课题组的感谢信

培训教材

南农实验课题组针对新型农民培训项目编写《新型农民实用手册》。手册从实用性出发，包括中央惠农政策、民主参与、法律知识、农民维权问答、医疗社保、卫生保健、新型农民道德歌等内容，为新型农民培训和农民自主学习提供了一套实用性教材。

2008年11月23日至29日，合作能力与表达能力建设项目——新型农民第一期培训班在蕉岭县广福镇成功举行。参与对象为包括两名县委常委在内的县乡干部代表、媒体代表、村委干部、村民组长、村民代表、片长、村民共计100人。

培训现场

结业仪式（上图）　　　　博士宣讲团（下图）

广育村民主示范区

2008年12月6日，以村务公开、政务公开为核心的广育民主示范区建立，该项目选择广育村五个自然片区的信息集中地建设信息栏，并对村委干部、片区干部进行培训。

（上图）老人协会活动场所

2009年1月2日至4日，南农实验课题组为民间组织老人协会修改章程，并组织其开展活动，促进老人协会与退管会达成合作意向。

老人协会活动现场（上图）

老人协会及退管会章程（下图）

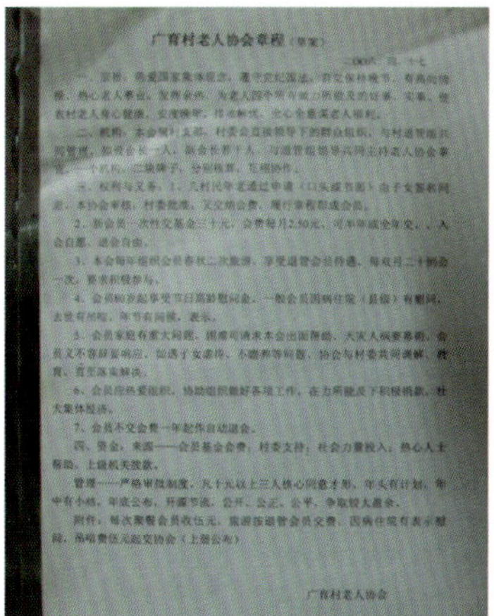

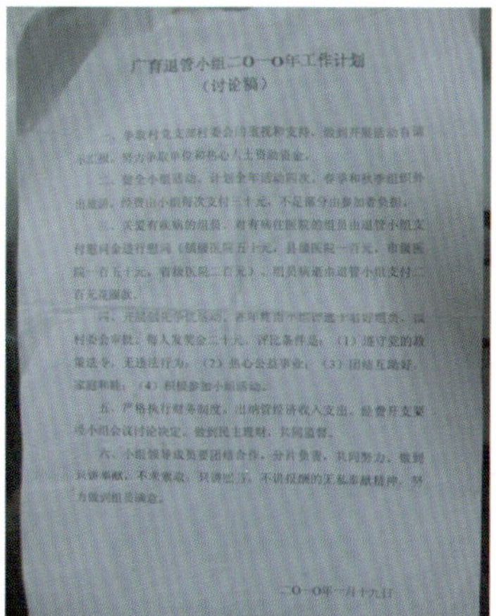

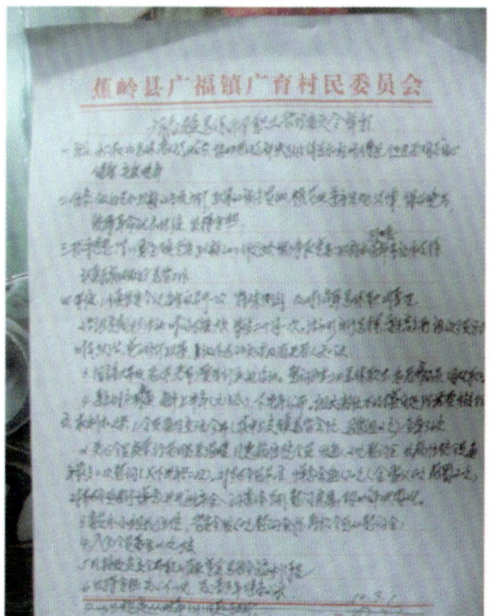

广育村妇女学习班

2009年1月6日，广育村妇女学习班开班，第一期参与人员包括广育村副书记、20名乡村妇女、2名课题组成员在内共23人。截至南农实验一期结束，广育村妇女学习班成功举办四期。

妇女学习班现场

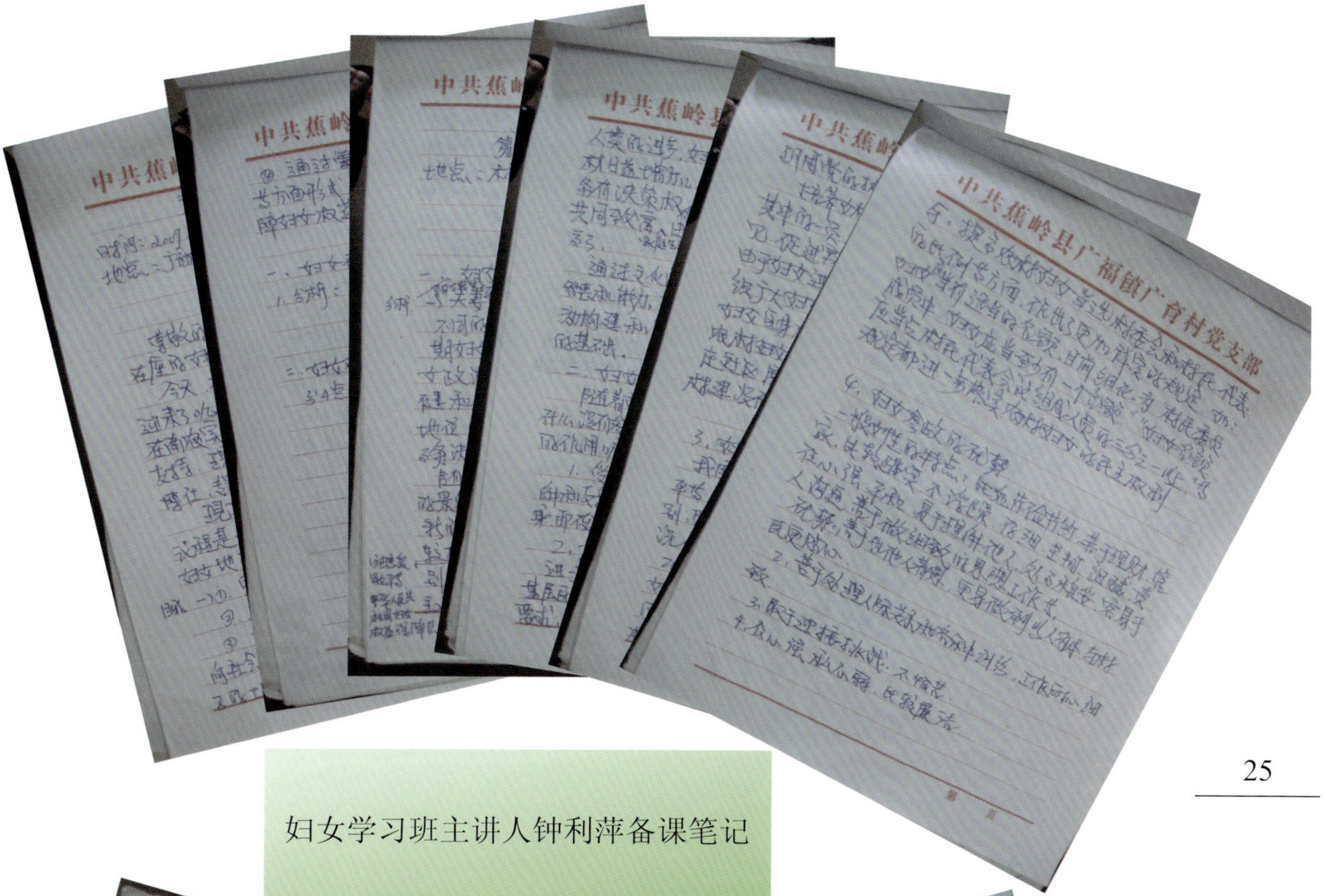

妇女学习班主讲人钟利萍备课笔记

2009年1月6日，美国霍普金斯大学政治系贺康玲教授考察了广育村。先后参观了老人协会、退管会及妇女学习班。考察了广育村民主示范区，分别与村委会干部及村民进行了座谈。

贺康玲教授与村干部及村民座谈

2009年2月14日，中国农村问题研究中心主任徐勇教授在《南方农村报》编委毛志勇、当地政府官员以及南农实验课题组总干事马华博士的陪同下考察了南农实验民主示范区广育村委会和芳心村委会。徐勇教授就广育村和芳心村当前发展过程中遇到的问题进行了指导，并与部分村民代表进行了对话。

徐勇教授在广育村考察

①

②

③

图①：徐勇教授在芳心村考察

图②：徐勇教授考察芳心村制度建设

图③：徐勇教授与芳心村干部会谈交流

④

图④：徐勇教授考察村庄文化宣传

⑤

图⑤：徐勇教授与蕉岭县纪委书记卢尧生交流

广育村自来水协会

2009年6月，广育村翻新了全村自来水系统，在课题组的促成下，于8月成立了广育村第一个从事资源管理的民间组织——自来水理事会，通过选举产生了1名会长和6名理事。

翻新后的自来水系统（左图）

新安装的水表（下图）

广育村村务监事会

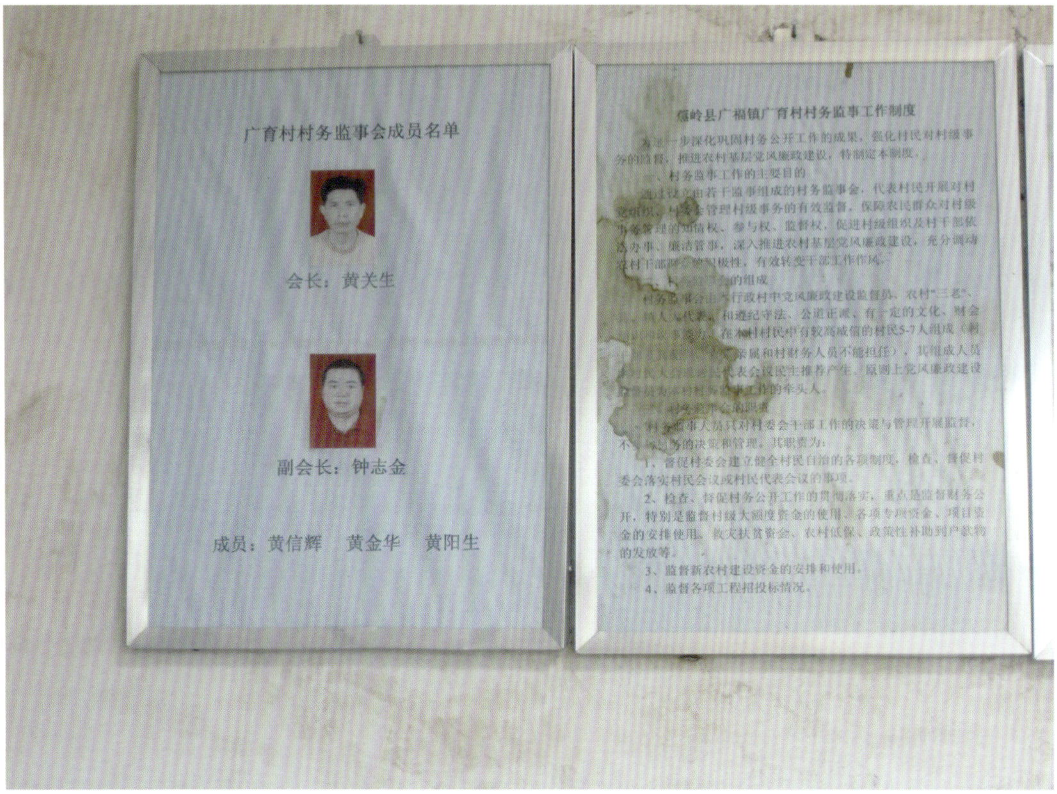

2009年8月21日，广育村通过选举产生了广育村村务监事会。选举产生会长一人，监事会成员五人。（见上图）

欧村

村容村貌

梯田

传统民居

村景

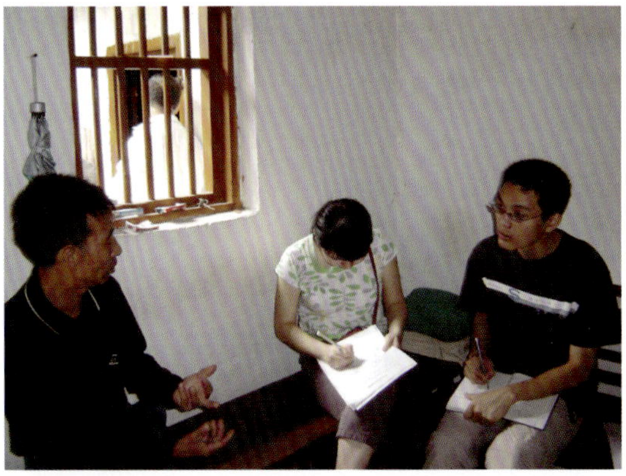

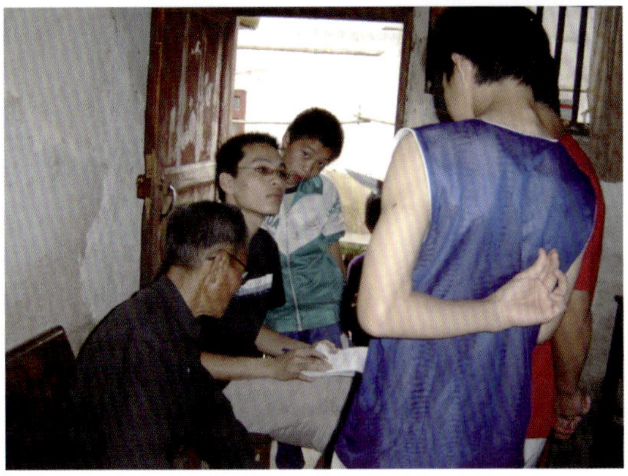

2006年4月12日，南农实验课题组首先抵达连平县欧村，着手进行前期的村庄调查和村民需求评估，标志着为期5年的“共建新农村——南农实验”首期活动正式启动。

左上各图为志愿者奔走于农户与田野之间，进行调研评估。

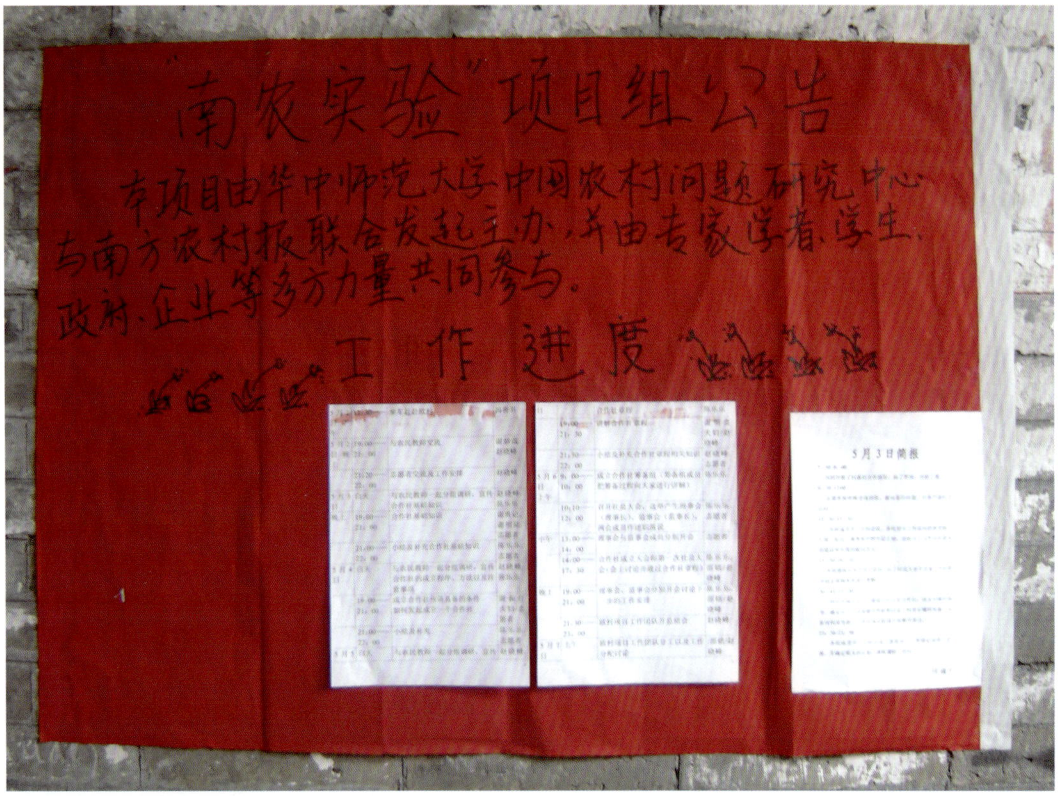

南农实验课题组在欧村设有项目公告栏，定期向村民汇报工作进度。（上图）并设有“村民意见簿”接收村民反馈信息。（右图）

欧村支教项目

2006年5月，来自中山大学、华南农业大学、华南师范大学、广东外语外贸大学等7所重点大学的14名志愿者抵达欧村，在对欧村进行更深入了解的同时，志愿者组织了义教活动。义教对象为欧村32名学生，志愿者组织了一系列活动，培养了孩子们的竞争意识、团队合作精神以及对英语学习的兴趣，取得了良好效果。（课堂剪影，下图）

舞蹈课

学生作品展示

求知若渴的孩子们

欧村农民经济合作社

欧村经济合作动员大会（上图）及与会村民（下图）

2006年6月4日，欧村经济合作社成立现场

合作社理事会、监事会选举程序

流程

1. 村中权威宣读合作社章程
2. 填写选票
3. 投票
4. 唱票

选举结果（右图）

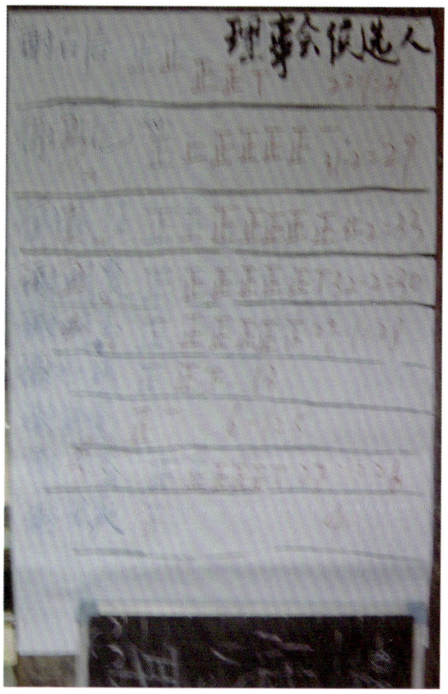

至此，欧村农民经济合作社正式成立。合作社民主选举产生5人理事会和3人监事会，谢振任理事长，谢妙哉任监事长。

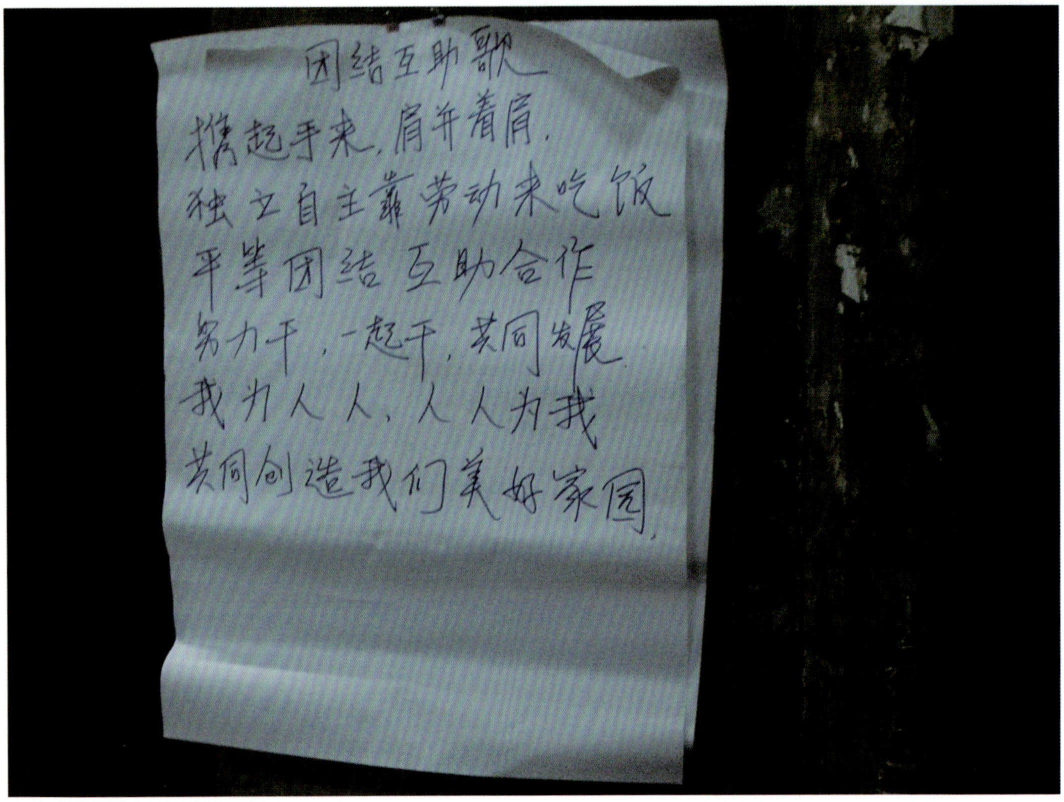

《团结互助歌》

携起手来，肩并着肩，独立自主靠劳动来吃饭。
平等团结，互助合作，努力干，一起干，共同发展。
我为人人，人人为我，共同创造我们美好家园。

欧村农民经济合作社社歌

欧村合作社住房改造项目

2006年10月，欧村合作社住房改造项目启动。分三期进行，每期12户，以全民参与的形式对欧村所有住房进行现代化改造。

欧村图书馆所在地——朱衣堂

图书馆的整个建设都是村里小朋友的劳动结晶。在志愿者的带领下，村里小朋友全程参与了图书馆的建设，从室内清洁到图书上架、桌椅摆放，都凝结了小朋友们的汗水。

辛勤劳动的小朋友们（上图）

欧村图书馆文明公约（左图）

图书上架

欧村授牌仪式

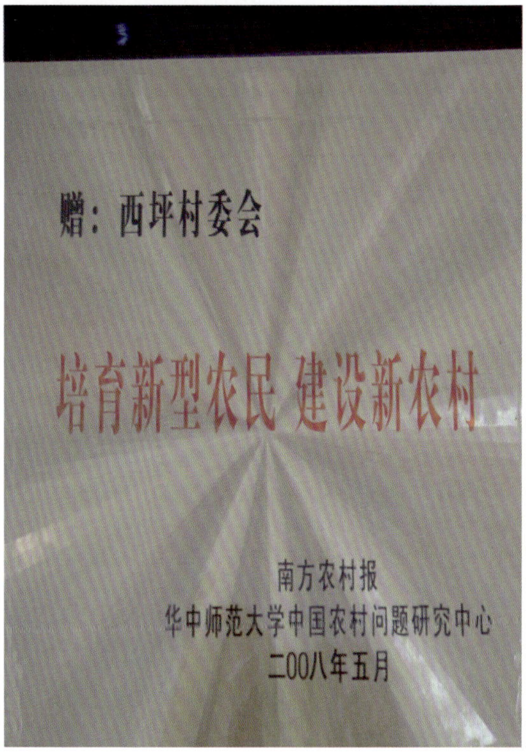

2008年5月，南农实验课题组授予西坪村委会“培育新型农民 建设新农村”牌匾。

上坪镇“南农实验”新型农民普法培训班（2008年12月1日至6日）

结业合影

上能村

需求评估阶段，南农实验课题组成员与村民会谈交流

南农实验在上能村的宣传阵地

上能村青少年协会

在南农实验课题组成员的促成下，上能村成立了以青少年为主体的协会。协会致力于举办一些促进青少年身心发展的文体活动。

上图为上能村青少年协会成立现场。

上能村支教项目

团队合作课

音乐课　　手工课

普通话课

孩子们的课程成果展示

上能村图书馆

上能村乡村图书馆2007年9月15日正式成立，图书馆的整个建设都是村里小朋友的劳动结晶。在志愿者的带领下，村里小朋友全程参与了图书馆的建设，从室内清洁到图书上架、桌椅摆放，都凝结了小朋友们的汗水。

建成后的上能村图书馆

在图书馆阅读、活动的小朋友

上能村农业综合开发项目

2007年12月，上能村农业综合开发项目下的农田水利建设正式动工，课题组引进外部资金，村民义务出工300人，兴修农田水利，为来年的春耕做好准备。

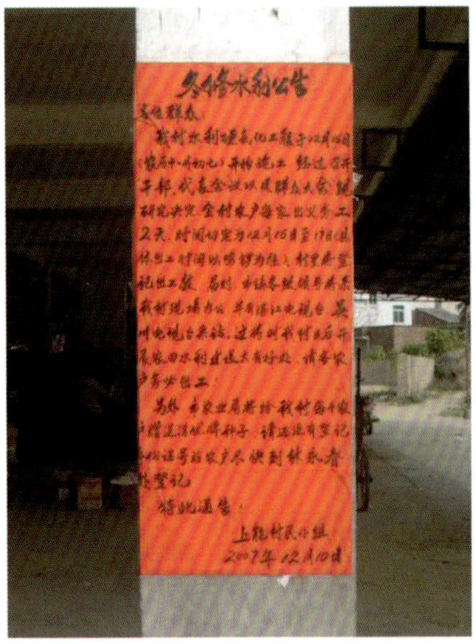

村庄公告

吸引各方关注

投劳现场（左图）

积极加入的小朋友们（右图）

妇女交流会
主题：
一、子女的教育与成长、工作
二、妇女看家庭与村庄发展
地点：文化楼
时间：今晚八点。
上能村村委会
南农实验课题组
2007年2月28

宣传海报

2008年2月2日，公民权利项目在上能村开展农民论坛，组织了该村历史上第一次妇女大会，共同探讨子女教育、成长与就业问题。

铁场村

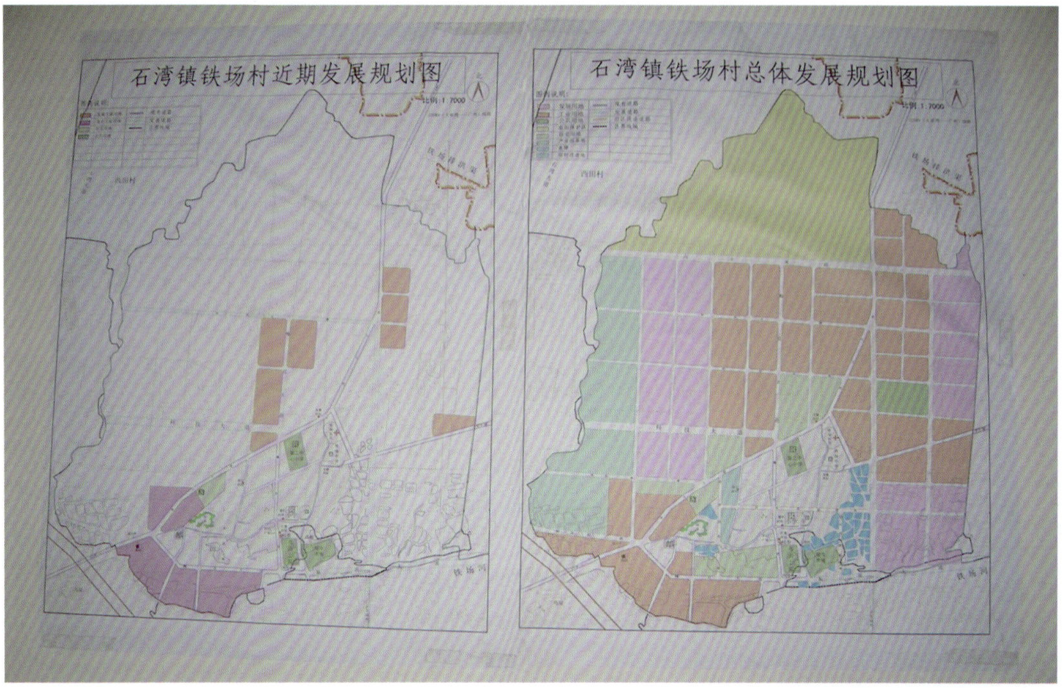

铁场村近期/总体发展规划图（上图）

铁场村村委会（右图）

村庄街道（右图）

仁集老年活动中心（下图）

2006年7月12日至27日，课题组正式进驻铁场。7月16～27日，项目组开展正式的问卷调查。目的：掌握村庄社会需求状况，并对义教活动的开展及乡村图书馆建设的可行性进行探索。

图为志愿者访谈农户

与相关职能部门人员及干部座谈

铁场村位于国家农业综合开发项目区内

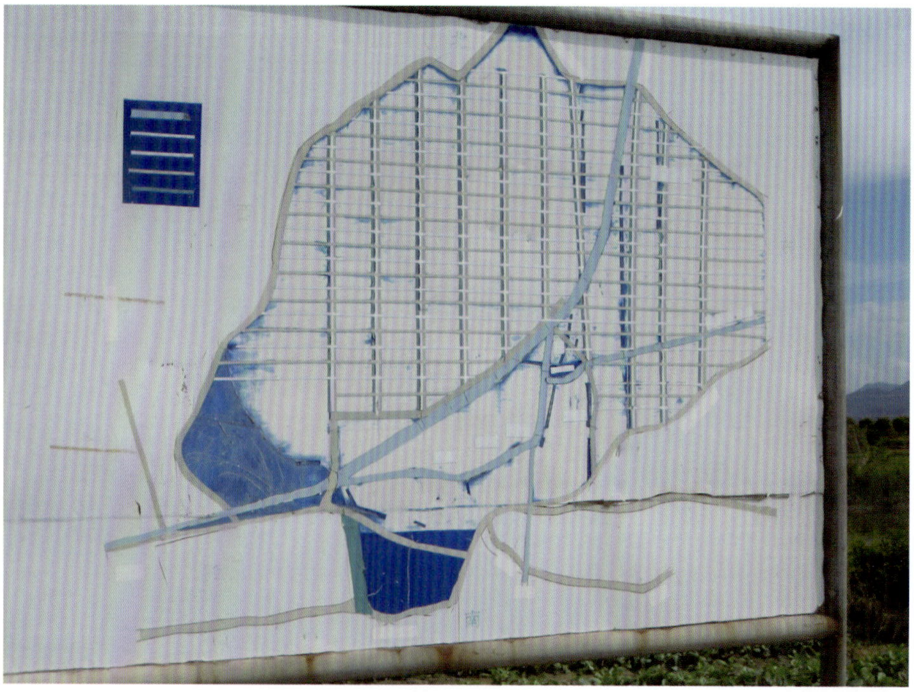

开发项目区内规划图

该村目前还有9 000亩耕地，但该村村民大部分不种地，将土地转租给来自广西等地的外来人员种植蔬菜和各种经济作物，本村村民每年能从土地出租中获取每亩600元到850元不等的收益。这些租本地村民的耕地的农民，被称为代耕农。

代耕农大多缺乏技术，种田、种菜就只能靠天吃饭。由此导致代耕农社会经济地位都比较低，生活状况堪忧。

图为代耕农居住环境及被水淹后的房屋及菜地。

铁场村排水系统的老化，导致农田排涝一直是个大问题，而防洪压力也一直得不到缓解。

图为被水淹没的菜地。

铁场村支教项目

2006年7月15日至8月20日，课题组组织志愿者支教，获益学生人数多达数百人。

认真上课的老师

踊跃的孩子们

铁场村图书馆

2007年2月，建立铁场村图书馆。与“南农实验”在其他实验村庄建设的乡村书屋一样，随着实验组的撤出，铁场村的图书馆也归于没落。

关于南农图书馆建设的失败与经验，2012年3月26日《人民日报》连线基层栏目，做了题为《文化下乡，如何下乡——南农图书馆的困惑与探索》的理论探讨。

铁场村新型农民培训项目

2009年2月20日，合作能力与表达能力建设项目——新型农民第三期培训班，由南农实验课题组与博罗县新农村建设大学合作主办。培训主题为《基层干部在现代农村发展中的地位和作用——2009年中央一号文件精神解读》。石湾镇干部代表、村干部、村民等160人参加了学习。

南农二期（2010.07-至今）

2010年7月21日，南农实验第一期项目总结大会和第二期项目启动仪式在广州《南方农村报》会议室隆重召开，出席会议的有华中师范大学中国农村研究院院长徐勇教授，南方报业传媒集团副总编辑江艺平女士，蕉岭县纪委书记卢尧生，《南方农村报》陈永主编，课题组总干事马华博士，蕉岭县党廉室、宣教室主任刘均平，实验村代表上能村许亚罗、李昌中，欧村谢妙哉、谢明贵，广育村黄坤荣、黄关生，芳心村谢建祥等，志愿者代表任路、曾桂圆。

2011年广育村第五届村民委员会换届选举大会

2011年3月7日至12日，“南农实验”课题组成员以志愿者的身份参与了广东省梅州市蕉岭县广福镇广育村第五届村民委员会换届选举的调研。在当地政府、村“两委”和广育村全体村民的大力支持和帮助下，课题组成员观察了该村无候选人选举的全过程，访谈了一些干部和群众，收集了大量的一手资料和数据。

广育村选举委员会公告，通知选举的具体时间、监票人、唱票人及秘密投票站位置。

无候选人选举村民委员会选票

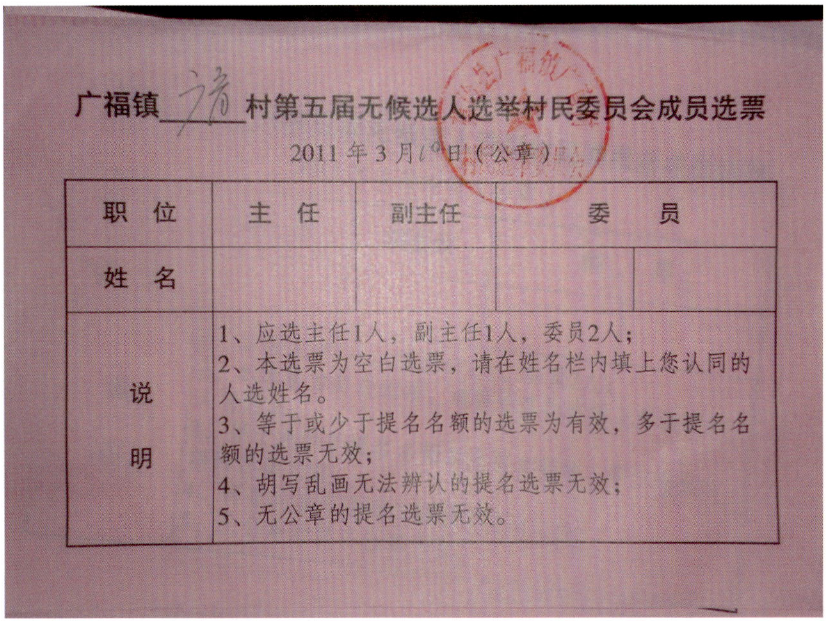
广福镇____村第五届无候选人选举村民委员会成员选票

2011 年 3 月 日（公章）

职　位	主　任	副主任	委　　员	
姓　名				
说明	1、应选主任1人，副主任1人，委员2人； 2、本选票为空白选票，请在姓名栏内填上您认同的人选姓名。 3、等于或少于提名名额的选票为有效，多于提名名额的选票无效； 4、胡写乱画无法辨认的提名选票无效； 5、无公章的提名选票无效。			

流动票箱的外观

流动票箱

村民们在往流动票箱中投票

选举委员会成员正在数票

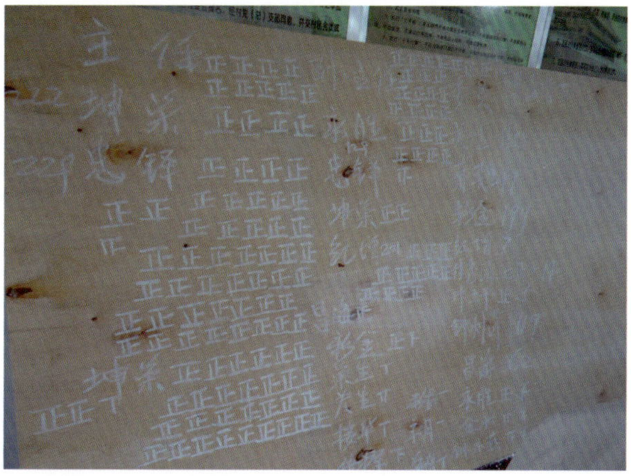

在木板上书写的计票结果

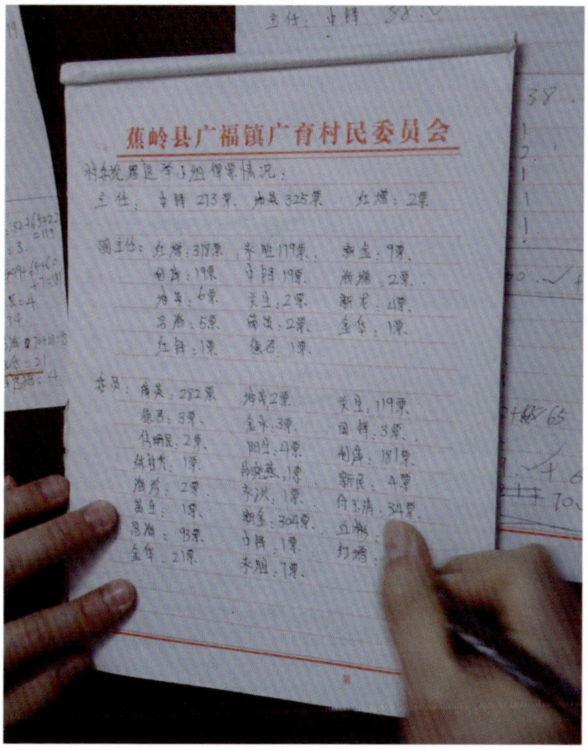

誊写各个候选人选票总数

待到选举结果公示，轰轰烈烈的广育村第五届村民委员会换届选举大会即正式落下帷幕。

广育村文化活动室

文化活动室不仅是老年人活动的场所，也是村里其他文化活动的物质载体，这里有图书馆、会议室、乒乓球台、篮球场，能满足不同年龄群体的需求。除了广育村文化活动中心，南坑片和曾坑片都有自己的文化活动中心。

广育村文化活动中心，同时也是老人协会和退管小组的活动场所。

（位于广育村老屋片）

南坑文化活动室外景与内景

曾坑文化活动室，南农实验项目组给予了很大的资金支持

2011年3月18日上午，在蕉岭县三圳镇政府会议室，来自全镇各村村务监督委员会成员、村主任和支部书记一同接受了有关村务监督知识的综合培训。

村务监督的委员会成员培训现场，各位委员在认真聆听蕉岭县纪委书记卢尧生（前排中间）的讲话。

与会村务监督委员们认真聆听

蕉岭县纪委相关工作人员接受蕉岭电视台记者的采访

芳心村民主评议会

蕉岭县继全市选出首个村务监督委员会后，又在全省率先开展由村务监督委员会组织的村民代表民主评议村委会成员活动，2011年10月21日，来自芳心村的44名代表第一次参加了评议“村官”的会议。芳心村是蕉岭县村务监督委员会的发源地，第一个成立村务监督委员会。民主评议会是为充分发挥村务监督委员会的作用，根据规定对村民委员会成员以及由村民或者村集体承担误工补贴的聘用人员，由村务监督委员会主持组织村民会议或者村民代表会议对其履行职责情况进行民主评议。村民委员会成员连续两次被评议不称职的，其职务终止。

芳心村召开第一次民主评议村委会成员会议

领到评议表的代表们喜笑颜开

一位代表正在慎重地填写评议表（左图）

一位代表正在认真地听取村委会工作报告（右图）

"南农实验"大事记

时间	地点	项目	内容
2006年4月12日	广州	项目启动	教育部人文社会科学重点研究基地华中师大中国农村问题研究中心与南方报业传媒集团南方农村报社签署协议正式成立南农实验课题组，选取广东省博罗县铁场村、连平县欧村、吴川市上能村以及蕉岭县广育村四个村庄作为实验村，开展新农村建设实践模式的探索
2006年4月12日	欧村	村庄调研	南农实验课题组抵达连平县欧村，着手进行前期的村庄调查和村民需求评估，标志着为期5年的"共建新农村——南农实验"首期活动正式启动
2006年5月	欧村	志愿者进村	来自中山大学、华南农业大学、华南师范大学、广东外语外贸大学等7所重点大学的14名志愿者抵达欧村，开始着手对欧村进行更深入的了解，同时开始农民培训等工作
2006年5月	欧村	志愿者支教	支教对象为欧村32名学生，志愿者组织了一系列活动，培养了孩子们的竞争意识、团队合作精神以及对英语学习的兴趣，取得了良好效果
2006年5月20日	欧村	乐助会来实验村与课题组交流	华南地区著名民间助学组织乐助会一行8人到欧村考察。该组织了解到课题组要利用村里的祠堂建乡村图书馆，并表达了共建的意愿
2006年5月20日至22日	欧村	课题组邀请美国味可美公司到欧村考察	课题组邀请美国味可美广州分公司到欧村考察，公司与村民就鹰嘴水蜜桃深加工问题进行交流
2006年6月4日	欧村	民间组织建设	欧村农民经济合作社2006年6月4日正式成立。合作社民主选举产生5人理事会和3人监事会，谢振任理事长，谢妙哉任监事长
2006年7月12日至27日	铁场村	村庄调研和需求评估	课题组正式进驻铁场村。7月16－27日，项目组开展正式的问卷调查。目的：掌握村庄社会性质与需求状况，并对义教活动的开展及乡村图书馆建设的可行性进行探索

时间	地点	项目	内容
2006年7月15日至8月20日	铁场村	志愿者支教	课题组组织志愿者支教，获益学生人数多达数百人。支教活动还配合“南农实验”课题组在铁场村做了一个子调查。调查内容为外来农民在铁场村的工作情况、生活状况、居住状况、医疗情况、子女受教育状况等问题
2006年8月	欧村	鹰嘴桃专业合作社试点	鹰嘴桃保鲜技术及市场销售知识培训。邀请相关的农技专家对水蜜桃的栽培、保鲜技术进行讲座，研发成本合理的保鲜技术。向农民讲解市场营销知识，引导他们了解市场活动规律；结合当地实际情况，向农民宣讲规模化、集约化经营的好处，试点单一经济职能的“鹰嘴桃专业合作社”
2006年9月19日	广州	外界交流	《南方农村报》陈永主编做客天涯社区，就南农实验相关问题回答了记者的提问
2006年10月	欧村	欧村合作社住房改造项目启动	启动合作社与住房改造项目，分三期进行，每期12户，以全民参与的形式对欧村所有住房进行现代化改造
2006年10月6日	欧村	晚会	欧村合唱队在该村祠堂举办了该村历史上第一次晚会
2006年11月	欧村	欧村环村公路项目启动	该项目是欧村合作社工作展开的一部分，以环村公路建设为切入点，发动群众参与，培养农民的组织合作能力
2006年11月25日	上能村	上能环村公路	上能环村公路正式动工，该项目政府每公里投入15万，剩余资金由村民自筹，现已竣工
2006年11月30日	北京	外界交流	课题组成员邓枫参加了在北京举办的天下溪全国乡土教材开发研讨会，并赠送南农简报
2006年12月23日	浙江	外界交流	课题组成员彭大鹏应邀参加温岭参与式预算培训研讨会
2007年1月20日	上能村	培训	南农实验课题组与吴川市农业局合作在村里开展农业综合开发科技培训活动

时间	地点	项目	内容
2007年2月	铁场村	图书馆建设	建立铁场图书馆，通过有效的途径保证相对稳定的图书和资金来源，藏书结构将主要分为农业技术与实用知识、医药卫生与健康生活、文化科普知识与工具书、文学艺术、法制、自然与环保、青春励志、生活常识、课程辅导等几大类
2007年2月28日	上能村	民主参与	动员经商村民为上能环村公路捐款28万元
2007年3月12日	欧村	农民讲座	开展“普及法律法规、解读政策方针”讲座。目的在于培养村民参与公共事务、参与基层民主、维护自身权益、知法守法等现代公民必备的基本素质。参与对象：全村村民
2007年3月	上能村	农业综合开发项目启动	农业综合开发项目旨在通过引进外部资源，充分挖掘本土资源建设新农村
2007年4月6日	上能村	网站建设	上能网站正式运行
2007年5月6日	上能村	调研	湛江师范学院商学院王亚新博士、李海明博士及社会工作协会会长李卫群、程秀梅等七位新老志愿者到南农实验吴川上能基地进行考察调研
2007年5月7日	湛江	外界交流	南农实验课题组在湛江举行专家聘任仪式暨三农学术沙龙。课题组根据项目开展的需要，决定聘请湛江师范学院、广东海洋大学赫广义等4位博士为课题组专家，主要负责实验村的咨询工作
2007年6月16日	华南农业大学	外界交流	南农实验课题组在华南农业大学接受两天的三农知识培训
2007年7月	铁场村	支教	课题组组织志愿者支教，同时初步打算将支教作为一个长期、固定的项目展开
2007年9月15日	上能村	图书馆建设	上能村乡村图书馆2007年9月15日正式成立，图书馆的整个建设都是村里小朋友的劳动结晶。在志愿者的带领下，村里小朋友全程参与了图书馆的建设，从室内清洁到图书上架、桌椅摆放，都凝结了小朋友们的汗水

时间	地点	项目	内容
2007年12月	上能村	参与式水利建设	上能村农业综合开发项目下的农田水利建设正式动工，课题组引进外部资金，村民义务出工300人，兴修农田水利，为来年的春耕做好准备
2008年2月	铁场村	支教	课题组组织志愿者在铁场中学和铁场小学支教
2008年2月2日	上能村	妇女权利论坛	公民权利项目在上能村开展农民论坛，组织了该村历史上第一次妇女大会，共同探讨子女教育、成长与就业问题
2008年2月6日	上能村	涉农政策讲解	课题组组织宣讲团介绍第二代身份证、水利费以及农资综合直补的政策
2008年3月26日	铁场村	村庄调研	课题组成员张清杰赶赴博罗石湾镇进行调研，本次问卷调查共收回125份普通村民问卷，7份经销商问卷
2008年4月24日至4月29日	广育村	人大代表调研	课题组成员谭启帅以问卷加个访的形式对广福镇10名乡镇人大代表进行了走访
2008年4月24日	广育村	调研评估	课题组成员廖斌、张清杰、孔娜、马华、陈发威，到蕉岭县广育村展开需求评估阶段调研
2008年5月5日	欧村	调研评估	课题组成员4人到连平县欧村展开“农民合作与表达能力建设”项目需求评估阶段调研
2008年5月	欧村	上坪镇调研	对上坪镇人大代表进行抽样问卷调查，问卷涉及乡镇公共事务了解情况、农村/农业政策了解情况、法律政策掌握情况、国家机构职能辨识、人大代表参政常识、人大代表履职状况、学习倾向/诉求、语言表达能力等8个方面
2008年6月	蕉岭	曾坑公路	《南方农村报》毛志勇主任，南农实验总干事马华博士赴蕉岭县协商曾坑公路项目工作，与蕉岭县纪委书记卢尧生交流协商，通过多方努力取得了当地政府支持
2008年7月至11月	广育村	参与式民主实验	以曾坑公路建设项目为切入点进行项目参与式民主实践，目的是通过参与到村庄具体的发展行动中进行相关的民主训练

时间	地点	项目	内容
2008年7月至12月	广育村	参与式民主实验	课题组以岗坝片铁矿事件为主题，采取事件参与法介入其中，针对合同背后的相关利益与法律常识进行相关人员的集中或单独的培训。参与者：片长、村民组长、村民代表、矿主、普通村民
2008年11月2日	广育村	外界交流	南农实验总干事马华应邀出席了中欧农民合作能力与表达能力建设座谈会，并做了主题为“新农村建设中的问题与反思”专题报告。该座谈会在华中师范大学中国农村问题研究中心二楼会议厅举行，丹麦奥胡斯大学曹诗弟教授等参加了本次座谈
2008年11月	广育村	新型农民培训	南农实验课题组针对新型农民培训项目编写《新型农民实用手册》。手册从实用性出发，包括中央惠农政策、民主参与、法律知识、农民维权问答、医疗社保、卫生保健、新型农民道德歌等内容，为新型农民培训和农民自主学习提供了一套实用性教材
2008年11月23日至29日	广育村	新型农民培训	合作能力与表达能力建设项目——新型农民第一期培训班成功举行。参与对象为包括两名县委常委在内的县乡干部代表、媒体代表、村委干部、村民组长、村民代表、片长、村民共计100人
2008年11月26日	广育村	外界交流	蕉岭县委常委卢尧生，广育村村委会干部，南农实验博士宣讲团，课题组成员共14人赴芳心村学习
2008年12月	上能村	协会活动	由上能村青少年协会主办，上能村第二届“青协文化杯”男子篮球联赛成功举行
2008年12月1日	广育村	曾坑公路竣工	曾坑公路经多方努力于12月份正式通车。该项目发动乡贤、村民以及地方政府等共募集资金近300万元完成了近9.5公里的山路
2008年12月1日至6日	欧村	新型农民培训	合作能力与表达能力建设项目——新型农民第二期培训班成功举行。培训内容为中央惠农政策、法律知识、林权改革等。参与对象为县乡干部代表，其中有两名县委常委、媒体代表、村委干部、村民组长、村民代表、片长、村民共计150人

时间	地点	项目	内容
2008年12月6日	广育村	民主示范区	以村务公开、政务公开为核心的广育民主示范区建立，该项目选择广育村五个自然片区的信息集中地建设信息栏，并对村委干部、片区干部进行培训
2009年1月2日至4日	广育村	老人协会	为民间组织老人协会修改章程，并组织其开展活动，促进老人协会与退管会达成合作意向
2009年1月6日	广育村	妇女学习班	妇女学习班开班，参与人员包括：广育村副书记，20名乡村妇女，2名课题组成员在内共23人
2009年1月6日	广育村	外界交流	美国霍普金斯大学政治系贺康玲教授考察了广育村。先后参观了老人协会、退管会及妇女学习班。考察了广育村民主示范区，分别与村委会干部及村民进行了座谈
2009年2月13日	蕉岭县	徐勇教授 赴蕉岭县宣讲	中国农村问题研究中心主任徐勇教授在蕉岭县县委礼堂做了主题为《党的十七届三中全会决定和2009年中央一号文件精神解读》的宣讲报告。全县五套班子领导，各镇党委书记、镇长，县直局正、副职，县直副局一把手，县农业系统副股级以上干部和县委党校教师代表共500多人聆听了报告
2009年2月14日	广育村	徐勇教授 赴实验村考察	徐勇教授在《南方农村报》编委毛志勇、当地政府官员以及南农实验课题组总干事马华博士的陪同下考察了南农实验民主示范区广育村村委会。徐勇教授就广育村当前发展过程中遇到的问题进行了指导，并与部分村民代表进行了对话，随后徐勇教授又先后参观了广育村部分民间组织，并受邀参加了2009年曾坑自然村发展论坛
2009年2月14日	广育村	妇女学习班	由钟丽萍组织创建的广育村妇女学习班第二期，在广育村村委会成功举行
2009年2月20日	铁场村	新型农民培训	合作能力与表达能力建设项目——新型农民第三期培训班，由南农实验课题组与博罗县新农村建设大学合作主办。培训主题为《基层干部在现代农村发展中的地位和作用——2009年中央一号文件精神解读》。石湾镇干部代表、村干部、村民等160人参加了学习

时间	地点	项目	内容
2009年7月8日至11日	上能村	新型农民培训	“南农实验”博士宣讲团赴上能村进行农民培训，与村民代表、村委会干部就当前乡村治理中的重难点问题进行了交流讨论。本次培训人员共计170人。同时，课题组与湖北第二师范学院联合举办的乡村文艺汇演也同期举行
2009年8月2日	各实验村	实验两周年回访	南农实验课题组分赴广育村、上能村、欧村展开南农实验两周年回访，并进行问卷调查
2009年8月15日	广育村	自来水理事会	2009年6月，广育村翻新了全村自来水系统，在课题组的促成下，于8月成立了广育村第一个从事资源管理的民间组织——自来水理事会，通过选举产生了1名会长和6名理事
2009年8月21日	广育村	村务监事会	通过选举产生了广育村村务监事会。选举产生会长一人，监事会成员五人
2009年9月6日	华中师范大学	外界交流	挪威奥斯陆大学文化研究中心茹兰兰博士访问中国农村问题研究中心，并与南农实验课题组进行座谈
2009年9月8日	华中师范大学	外界交流	蕉岭县纪委卢尧生一行考察中国农村问题研究中心，并与中心主任徐勇教授及课题组成员在三楼会议室进行座谈
2009年9月24日	华中师范大学	对外交流	南农实验课题组与丹麦奥胡斯大学曹诗弟教授等，举行了农民合作能力与表达能力建设经验座谈会
2009年10月5日	蕉岭县广育村	培训	第一期南农实验广育村村务监事会人员培训
2009年10月24日	华中师范大学	对外交流	南农实验课题组与台湾大学举行了海峡两岸农村社区建设经验座谈会
2009年11月7日	蕉岭县广育村	培训	南农实验广育村第四期广育妇女学习班成功举行，本次培训以妇女参政议政为主要内容
2009年11月8日	蕉岭县	参观	著名学者徐勇教授、党国英教授、何增科教授、高新军教授等率团参观了南农实验基地广育村
2009年11月8日	蕉岭县	论坛	农村治理创新与社会实验研讨会在广东省蕉岭县长谭度假村成功举行。会议诞生了南农实验的成果之一“蕉岭模式”

时间	地点	项目	内容
2010年7月21日	南方农村报社	二期启动仪式	南农实验一期成果总结大会暨第二期启动仪式在《南方农村报》会议室召开。华中师范大学徐勇教授、南方报业传媒集团副总编辑江艺平、《南方农村报》主编陈永、蕉岭县纪委书记卢尧生和各合作村庄代表共同探讨新形势下如何通过整合资源创新乡村治理，推动新农村建设
2010年9月28日至10月11日	广育村	村务监督委员会培训	南农实验课题组针对蕉岭县村务监督委员会培训工作的实际，组织课题组志愿者编写培训读本
2011年10月22日	华中师范大学	内部交流	华中师范大学中国农村研究院徐勇教授、马华博士、慕良泽博士、王勇博士、沈乾飞博士与黄振华博士以及南农实验课题组志愿者进行座谈，期间就“乡村资源整合与地方治理创新”进行了探讨
2011年3月7日至12日	广育村	调研	南农实验课题组对广育村第五届村委会选举进行跟踪观察，包括选举前、选举中和选举后的全方位观察
2011年3月14日至17日	三圳镇	培训	课题组对三圳培训进行了认真的准备工作，吕小莉主要讲授“村务监督委员的职能与工作机制”，任路主讲“如何当好一名村务监督员”
2011年3月23日	南方农村报社	汇报	南农实验课题组到合作单位《南方农村报》协商项目工作，向《南方农村报》毛志勇总经理汇报了南农实验第二期近期的工作动态与项目进展
2011年3月24日	华南师范大学	参观	南农实验课题组应华南师范大学“三农”与城镇化研究所邀请，参观了“三农”与城镇化研究所
2011年10月21日	芳心村 广育村	采访	蕉岭县在全省率先开展由村务监督委员会组织的村民代表民主评议村委会成员活动，新华社广东分社记者到场采访。其后，新华社记者赖雨辰、叶前、扶庆一行三人来到广育村，与南农课题组志愿者一起进行为期3天的驻村采访，重新认识中国基层民主。随后在新华网英文版发表题为“Village democracy adds supervisory component”的报道，介绍南农实验内容
2011年12月18日	华中师范大学	内部交流	华中师范大学第十期“百村讲坛”在九号楼一楼报告厅隆重举行。论坛为“南农实验”报告专场，南农实验课题组成员马华、吕小莉、曾桂圆分别作了主题讲演

媒体报道情况

南农实验实施六年来，各类媒体对南农实验的进展高度关注，积极正面宣传。南农实验的内容和进展透过媒体的传播广为人知，品牌有效建立。

（一）重点报道

（1）English.news.cn　by Xinhua writers Zhou Zhou, Lai Yuchen

GUANGZHOU, Nov. 27 (Xinhua)

Village democracy adds supervisory component

Zheng Shuping, 47, spent all night preparing his "big" speech for a committee of village representatives.

"It's a big event," said Zheng, who was elected head of Fangxin Village a few months ago in southern Guangdong Province. "I'm feeling very nervous."

The speech Zheng was working on was his first work report, a description of what he had done during the first few months of his tenure.

Although China had been implementing village-level elections for about two decades in many places, village governance barely had mechanism for evaluating performance of elected officials until last year.

The system changed in October 2010 when the national legislature revised the Organic Law on Village Committees, empowering villagers to conduct once a year "democratic review" of their leaders.

In Fangxin Village, a group of representatives heard the reports of Zheng and other village officials before casting secret ballots evaluating their performance.

Zheng was eager for a positive review. According to the law, a village official who gets a poor evaluation for two consecutive years would be automatically removed.

Passing eventually, Zheng, nonetheless, did not get the highest marks. A woman official got the strongest rating.

"I know these people well. We're neighbors. I can easily tell if they exaggerate their performance," one of the evaluators said.

About 2,000 residents of Fangxin, a typical farm village 500 kilometers north of the provincial capital of Guangzhou, earn a living mainly by planting rice.

The collective revenue of the village has picked up in recent years thanks to a few small hydropower projects. So, the increased income has heightened concern among many villagers about how it is spent.

Lu Yaosheng, a county official, said, "The triennial village election is not enough to make sure appropriate budget management. We need daily oversight."

Over the past five years, Lu visited Fangxin and 96 other villages in Jiaoling County to set up village supervisory committees even before the revised national law was instituted.

At first, Lu's proposal to establish oversight bodies was rebuffed by local leaders.

"Village heads were not accustomed to being checked," Lu said. "Some said it would reduce efficiency. They were in fact afraid of losing power."

Lu's reform was easily rejected then since the concept of review had not yet been codified. Lu saw new hope when the law was revised last year, however, since it provided the legal basis for a supervisory body.

Soon after, Lu restarted his program and organized a group of volunteers, most of whom social science students, to educate villagers about supervisory committees.

Ren Lu, 24, a graduate student at the Central China Normal University in Wuhan, capital of Hubei Province, was one of the volunteers. He and 40 fellow students visited Jiaoling County a few times, trying to enhance the ability of local people to organize and express themselves.

Villagers did not immediately welcome the efforts of Ren and his peers to promote grassroots democracy.

Although villagers had a vague sense that democracy was good, they were often wary about outsiders, who did not speak the local dialect, trying to change their normal routine.

"They did not like us in the beginning," Ren said, "I was once driven off by people wielding brooms."

Their work finally paid off, though. Villagers accepted the outsiders and began to learn financial basics and other concepts from the students. So far, the supervisory committees appear to be helping improve village management.

Xu Yongzhen, chair of the supervisory committee of Fangxin, said he stopped the village head on several occasions from reimbursing people whose receipts were not in order.

"The village head was unhappy and asked me not to be so strict, but I must be responsible to the villagers." Xu said.

Huang Kunrong, head of Guangyu, a village near Fangxin, said villagers had become more difficult to manage since the supervisory committee was instituted. But he said the new committee was a step forward after all. "The supervisory committee has changed both our village and myself." Huang said. Huang's village has held several supervisory meetings.

The meeting table was usually spread with candies, peanuts and grapefruits.

"It's a small incentive to villagers to take this unpaid job." Huang said. But villagers did not take the meetings as festivals.

Huang used to hate public speaking and at first refused to set up such a committee, but now he speaks readily and is open to challenges from villagers.

The supervisory chair was Huang's political rival, who early this year lost the village election to Huang by only 100 votes.

"He shows no mercy of my work," Huang smiled. "I'm always put on the rack."

（2）《人民日报》，2012年03月26日第14版，记者　贺林平

南农图书馆的困惑与探索：文化下乡　如何入乡

破败不堪的欧村图书馆，只剩书架，书早已不见踪影。

广育村文化活动中心的乡村书屋。

编者按：

培育现代文明的乡村文化是完善公共文化服务网络的重要一环。目前各地形式多样的文化下乡活动，能否为传统的村落文化所接受？能否持续发挥吸引力？

在广东的一些农村，一场名为“南农实验”的探索正在进行。在建设乡村书屋的过程中，组织者发现，现代文化下乡需与村民多样的文化兴趣相结合，并借助村庄内生的组织化力量，才能有持续的效果。

有的田地刚刚被翻过，枯黄的甘蔗梗，密密麻麻地夹杂在红色的泥土中；有的田地已经种上了作物，平整的水泥薄膜下，新一季的花生正在发芽……3月下旬，广东东北部紧挨着江西的连平县上坪镇西坪村，勤劳的客家人已经开始了忙碌的春耕春种。

沿着窄窄的水泥村道走到村子最里面，就是有着38户人家的欧村（自然村）。一个小小的乡村图书馆，藏身在一排老房子中的破旧祠堂里。在镇中心小学当老师的谢明贵吃力地打开紧锁的大木门，只见左右两侧各排着三排褪色的旧书架，架上空空，书籍早已不知去向，整个屋子散发着长年漏雨积攒的霉味……这与村子里的座座新楼、西式路灯形成鲜明反差。

这个乡村图书馆，是华中师大中国农村问题研究中心和《南方农村报》合作开展的“南农实验”的一部分。从2007年下半年开始，“南农实验”在广东三座村庄建设了三个乡村书屋，但随着半年后外部力量的撤出，无一例外归于没落。

书籍作为知识的载体，如何有效地送到农民手中？文化下乡是国家建构中必不可少的，在中国广大乡村，文化下乡的出路何在？如何增强农村文化自我服务的内生动力，营造农民现代知识提升的长效机制？在失败的迷茫中，新一期的“南农实验”于2010年7月启动，在实验点梅州市蕉岭县广福镇广育村，乡村书屋有了新起色，这又给了实验者新的启示。

来自欧村等三个村的实践：

调查：18%的村民选择平时看书，忙于农活的村民也希望有些书给孩子看。

结果：三个农村书屋相继从繁荣走向衰败。

思考：即使是经济较为发达的铁场村也没能“幸免”，组织者认为“这不完全是缺钱的问题”。

南农实验旨在通过一系列工作，增强农民参与村民自治和基层民主的能力。“送书下乡，是我们实验中重要的一部分；因为实验的一个假设就是农民的民主能力需要有文化素质的支撑。”南农实验一期总干事、政治学博士马华说。

三个实验村中，既有工业为主、经济较为发达的惠州市博罗县石湾镇铁场村，也有经济情况一般的湛江吴川市吴阳镇上能村，而最为贫穷落后、纯农业经济的欧村，是最早开展送书下乡和乡村图书馆建设的，也是实验者们倾注心血最多的一个。

“别说我们村，就连整个上坪镇，都没有一个文化活动中心，就我这里有这么一个图书馆。”57岁的西坪村支书谢妙哉生意人出身，这几年自己拿出100多万元给欧村人建新房、修路桥，使得周边这一片初具社会主义新农村的模样，但乡村图书馆却没这么成功。谢妙哉回忆，2007年，他拿出欧村旧祠堂，给南农实验办图书馆；书架是他从县图书馆找来的；图书资料是参加实验的志愿者从大学里募集来的；村委会还找了个村民负责图书馆的管理，工资由南农实验方补助。当年6月，拥有了3 000多册书籍、10多份报刊以及一台电脑的欧村图书馆开张了。

当时还在华中师大中国农村问题研究中心读研究生的马华说，村委会和村民都是非常支持建设图书馆的，他们对32户村民的调查显示，18%的人选择平时看书。图书馆开放之初挺热闹，平均日借阅量达到15人次。“整个西坪村有100多孩童，很多是留守儿童，他们对看书兴趣比较大；一些村民忙于农活，也希望有些书给孩子看，打发空闲时间。”谢明贵说。

这期间，南农实验一直有专人驻村，并注入了少量资金；而参与实验的志愿者，也定期带来新书，补充、更换图书馆的书籍。“就这样过了半年，我们撤出了。”马华说，又过了半年，他回到欧村，“没想到，图书馆已经大门紧闭，不正常开放了。没有了我们的补助，村委会也不给管理员发工资，管理员也就忙自己的农活去了，常常是有人想去借书，就把他找回来开下门，很不方便，久而久之，也就没什么人去了。”

在欧村，记者遇到了两名周末回家的上坪中学初三学生，“以前是常常去的，借一些《读者》、《青年文摘》什么的来看，但后来就不怎么开门了，书也丢了很多，听说现在管理员都出去打工了。”她有些苦恼地说，觉得以前有书看的时候很好，现在周末都是在村里瞎转，没什么活动可以打发时间。

一开始，马华他们分析是村子太穷的原因。“全村集体收入一年才4万多元，村委会基本运作开支还捉襟见肘；农民人均年收入也就4 000来块。村委会不愿再给管理员发工资，也没能力更新书籍。”但后来，上能村、铁场村的乡村书屋也相继以失败告终。马华意识到，这不完全是缺钱的问题。

来自广育村的调查：

事实：广育村人均纯收入5 000元左右，并不比欧村富裕。

现状：书屋和村文化活动中心整合，有老人的读报会、曲艺社，孩子们的读书会、征文比赛等。

思考：内生的组织化的力量，使广育村的传统和现代文化的传播都活了起来。

在广育村进行的下一个实验，证实了这一猜测。因为这个村，集体收入也不过39 000多元，人均纯收入5 000元左右，并不比欧村富裕。

“瞒人对得山歌倒，就肯同佢（他）结鸳鸯。”3月22日，记者走进广育村，一路上，从村民家中飘出的客家山歌踏路随行。不久，广育村文化活动中心就呈现眼前，其中一间偏房就是农家书屋，几个大门都敞开着，除了70岁的管理员黄寿华，不见有其他人。

“你来得不是时候啊。”村支部书记、主任黄坤荣说，热闹的时候，中心的文化活动还是很丰富的，有人唱山歌，有人跳舞，有人下棋，当然，也有一些老人和学生看书。“现在是农忙时候，早上很多人都在忙；又不是周末，村里的孩子也没回来。”那老人呢？黄坤荣一指山坡上被冷风吹得左右乱摇的竹子，“冷空气来了嘛，天这么冷，老人都躲在家里啰。”

黄寿华领着记者看这个中心，其实，这也是依托村里的祠堂建的。房屋正中央还放着供桌，不过，在不祭祀的时候，供桌是收纳在最里面的，正中央很大一块位置，放着一个乒乓球台，上面还有个拍子扣着个乒乓球；左右两角各安放着一个喇叭，后面拖着一大团电线。天井边靠门口的位置，放着一些桌椅，桌面上画着“楚河汉界”的棋盘。走进旁边的农家书屋，只见墙上贴满了用超大白纸写的歌谱歌词，书籍报刊也摆放得比较整齐。“不管有人没人来，我每天的工作就是管理好这些书，看管好这个中心。不拿工资，都是义务劳动，反正闲着也没事。”黄寿华笑呵呵地说，黝黑的脸上皱纹挤作一团。

“事实上，南农实验一期就有广育村，但是没有文化下乡项目，也就没搞农家书屋。后来广育村因为基础较好，当地政府和老百姓比较支持，就继续开展第二期实验，新搞了农家书屋。”在广育村住了几个月的南农实验二期总干事任路说，这一次，他们不是独立地搞一个书屋，而是依托文化活动中心，把书屋和农民喜闻乐见的吹拉弹唱、棋牌舞蹈结合起来。“我们隐隐感到，之前图书馆建设背后传统与现代之间的张力，是失败的隐性原因。”

在马华看来，实验一期的三个村庄，宗族观念都很强，历史文化与传统都比较厚重，在这里，传统的村落文化仍是村民行为的决定性因素。而乡村图书馆的建设对于乡村来说是一种外部嵌入的文化输入模式，承载的是现代性的理念，传承的是现代文明和生活模式，管理上运用的也是现代的管理方式。“虽然传统和现代之间并非不可调和，但里面不可避免存在张力，这就是为什么南农图书馆会从繁荣到衰败。因此，必须找到一种机制，缩小这种张力。”

“我们这里的人喜欢唱山歌，农闲时到中心里唱一唱，唱累了就看看书、读读报，一举两得。”46岁的村民丘胜振不经意的一句话，反映了书屋和村文化活动中心整合一处后，如何平衡了传统与现代。

黄坤荣告诉记者，村里的老人协会和退管会，也对文化下乡起到了不可或缺的作用。广育村虽然只有1 700多口人，却有200多名活跃的老人，2005年成立的村老人协会，现在已经有了70多名会员，文化中心管理员黄寿华就是会长；退休干部管理委员会成立更早，1988年，现在有会员37名，都是村里退休的干部、老师。这些老人都比较热心，在村里也有一定的权威，乐于奉献，属于村里的组织精英。他们经常组织一些活动，例如老人的读报会、曲艺社，孩子们的读书会、征文比赛等，也不奖钱，纯粹自娱自乐。任路说，这种内生的组织化的力量，使广育村的传统和现代文化的传播都活了起来。“我们走了以后，照样运转，外力在与不在都没什么两样。”

兴衰之间的启示：

■ 文化下乡，必须找准村民的兴趣点。

■ 孵化村庄内生的组织力量将文化需求转化为行动。

这一失一得，给马华和任路带来了诸多反思。在自己的一本书里，马华说道，农村里，传统村落文化根深蒂固，虽然农民对现代文化知识也比较渴望，但不熟悉，某种程度上也不太能接受陌生的文化传播方式，他们更习惯于传统的文化传播方式。另一方面，社会化的小农，在经济上日益理性化，对文化的好处欢迎、支持，但却不愿意分担成本；而村庄自治组织本身管理水平就薄弱，分配到属于公共服务的职能的乡村文化发展的力量更为捉襟见肘。

“所以，文化下乡，特别是现代文化下乡，要形成长效机制，让村庄能够自我管理，自我运行，离不开两个支撑点：一是文化兴趣，现代农村村民的兴趣很多元，既有现代的，更多的还是传统的，必须将文化下乡寓于传统文化形式中，找准需求。二是组织化，书屋建起来容易，运转起来难，特别是要农民对它保持长期的兴趣、开展持久的活动更难，必须要有一定的组织动员能力，将需求转化为行动，并且合理分担成本。”马华说，与这两点相比，有钱没钱，倒不是主要的因素。

“在广育村，我们找准了村民的兴趣点，特别是成功发挥了这些德高望重、又渴望发挥余热的老党员、老干部、老模范的作用，让老人协会和退管会成为一种组织化的力量，把村民充分动员起来，在文化上自我兴办、自我服务、自我受惠。”一直支持实验进行，并关注进展的南方农村报总经理毛志勇说，村里有了这两个协会，文化活动有人组织了，有人出钱出力了，书屋也有人管理了。

离村委会八九公里山路，有一个最偏远的曾坑自然村，受到启发，南农实验又在这里按同样模式搞了一个文化活动室。为让文化下乡有路可走，他们帮助募集资金建了一条可以跑小车的水泥村道。记者到曾坑时，只见文化室里外都已建好，“接下来把书籍桌椅还有一些设施搬进去，就可以开张。村里42户乡亲，也有自己的文化活动场所了。”管理员丘其生高兴地说。

南农实验的经验，给其他村庄的文化下乡何种启示？毛志勇说，找准村民的兴趣点不难，只要精心的调研和从实际出发即可。但要有形成村庄内生的组织化力量很不容易。“文化下乡，组织为先。现在村庄文化之所以这么薄弱，根本上是村庄组织力、动员力的薄弱。村庄文化的进步，光靠外部力量不行，必须首先对村庄自身的文化精英进行引导，推动他们成为组织者。否则外力一撤，又会陷入涣散和没落。”

但改革开放以来，随着城市化发展，村庄青壮年大量外流，剩下的“三八六一九九”部队，能胜任组织之责吗？马华说，这就需要对乡村社会组织的一个“孵化”过程。比如，退休的教师，可以组织起来，承担起引导孩子课余读书和温习功课的职责；孩子们也可以组织起来，对乡村书屋进行自行管理、自行维护；妇女也可以组织起来，开展有关文化活动。

（二）媒体报道目录

（报纸、杂志）

（1）2009年10月31日，《南方农村报》，第02版，题目：《讷言村主任华丽转身——南农实验课题组通过培训提升村庄精英的表达能力和合作能力》

（2）2009年11月6日，《南方日报》，第A06版，题目：《村庄治理的蕉岭模式》

（3）2009年11月8日，《南方日报》，第A04版，题目：《聚焦蕉岭模式》

（4）2009年11月10日，《南方日报》，第02版，题目：《探寻普适性的农村基本体制》

（5）2009年11月10日，《南方农村报》，第04版，题目：《让基层民主有力运转起来》

（6）2009年11月10日，《南方农村报》，第02版，题目：《农民需要什么样的组织》

（7）2009年11月10日，《南方农村报》，第04版，题目：《村治创新都想扩大群众参与》

（8）2009年11月10日，《南方农村报》，第05版，题目：《激活三老规范自治》

（9）2009年11月10日，《南方农村报》，第05版，题目：《构建公民社会　拓展自治空间》

（10）2009年11月10日，《南方农村报》，第03版，题目：《博士写讲稿，村官不满意》

（11）2009年11月12日，《南方农村报》，第04版，题目：《农村要发展　民主须推进》

（12）2009年11月12日，《南方农村报》，第05版，题目：《民主搞乱了村庄?》

（13）2009年11月15日，《人民日报》，第06版，题目：《“三农”专家热议村务监督》

（14）2009年11月15日，《南方都市报》，第A13版，题目：《“监督后的权力更有力量”——蕉岭模式：村民自治的粤版样本》

（15）2009年11月16日，《21世纪报道》，第08版，题目：《广东蕉岭村庄治理新模式：用三老来制衡村委会》

（16）2009年11月30日，《中国检查日报》，第05版，题目：《村民自治，蕉岭探索基层权力制衡格局》

（17）2009年12月4日，《南方月刊》，时政版，题目：《乡村内生民主的广育实验》

（18）2009年12月10日，《南方周末》，第C10版，题目：《一群80后的村庄实验》

（19）2009年12月10日，《澳门月刊》，国内新闻，题目：《大学生为提升农民参与能力进驻村庄》

（20）2009年12月11日，《纽约时报》，道德本能版，题目：《一群80后的民主实验》

（21）2010年2月25日，《南方周末》，头版，题目：《蕉岭：村庄纪委防止村官腐败》

（22）2010年10月25日，《新京报》，A14版，题目：《广东蕉岭“监督”村官遭抵制》

（23）2011年11月27日，新华网英文版，题目：“Village democracy adds supervisory component”

（24）2011年11月27日，新华网，题目：《乡村民主增加监督因素》

（25）2012年3月26日，《人民日报》连线基层栏目，题目：《文化下乡，如何下乡——南农图书馆的困惑与探索》

南方农村报

中国农村发展论坛

CHINA RURAL DEVELOPMENT FORUM

Ⅱ 影响力Influence：汇集公众智慧——中国农村发展论坛

“南方农村报·中国农村发展论坛”简介

“中国农村发展论坛”是南方报业传媒集团南方农村报联合华中师范大学中国农村研究院、中国社会科学院农村发展研究所等学术机构主办，一个探讨中国“三农”问题的平台，通过团结一批顶级研究“三农”问题的专家学者，上连国家决策部门，下系广大农民群众，共同求解中国“三农”问题的根本出路，为解决“三农”问题提供决策参考，为推动中国农村的发展贡献更大的力量。

本论坛已成功举办七届，已发展成为全国知名，并具有一定国际影响力的大型学术研讨平台。在论坛的推动下，学界相继总结推出了农村综合改革的“云浮模式”、“蕉岭模式”等。取得了巨大的社会影响力，《人民日报》、《南方日报》、《南方周末》、《纽约时报》、人民网、凤凰网、新浪网等国内外知名媒体都有过多次报道。

『主办单位』（2005）

南方报业传媒集团南方农村报

华中师范大学中国农村问题研究中心

中国社会科学院农村发展研究所社会问题研究中心

『研讨会顾问名单』（2005）

陆学艺：中国社会科学院学术委员会委员、研究员

张晓山：中国社会科学院农村发展研究所所长、研究员

杨兴锋：南方报业传媒集团社长

徐　勇：华中师范大学中国农村问题研究中心主任、教授

『研讨会组委会主任、副主任名单』（2005）

主　任：

于建嵘：中国社会科学院农发所社会问题研究中心主任、教授

副主任：

陈　永：南方报业传媒集团南方农村报主编

项继权：华中师范大学中国农村问题研究中心常务副主任、教授

徐付群：《乡镇论坛》杂志社副主编、博士

陆　雷：中国社会科学院农发所社会问题研究中心副主任、博士

首届南方农村报•中国农村发展论坛

时间：2005年9月23～25日

地点：广东•广州

主题：“后农业税时代如何建设新农村”

减免农业税费，是中央推行的重要惠农政策。2006年3月5日，温家宝总理再次向全国9亿农民宣布，比预定计划提前两年，于2006年全面免除农业税。与历史上免税不同的是，这次取消农业税发生在中国已经步入工业化时代的背景下，这是自有“皇粮国税”历史以来两千年中国未有之变局。这是城市向农村汲取税费时代的终结，又是城市支持农村建设新农村时代的开始。诚然，取消农业税是广大农民群众的福音，但这一政策的出台也必将引起农村基层工作的多方面的连锁反应。取消农业税，究竟会带来哪些影响？产生什么问题？我们该如何应对？我们如何利用工业反哺农业的机会建设新农村？解答这些问题，需要更多地倾听农村基层工作者的声音，需要倾听专家学者对这些问题的思考，也需要倾听有关权威部门对这些问题的预见。

为此，南方报业传媒集团南方农村报、中国社会科学院农村发展研究所社会问题研究中心、华中师范大学中国农村问题研究中心和《乡镇论坛》杂志社，9月下旬在广州联合举办主题为“后农业税时代如何建设新农村”的专题研讨会，汇集基层干部群众和专家学者，分析免税后中国农村面临的新问题，探讨后农业税时代中国农村走向，描绘新农村建设图景。研讨会力争办成中国最好的“三农”论坛，持续关注转型中的中国农村建设，为中国的全面现代化建言献策。

本次研讨会包括如下几个子题：

1. 农业税取消后可能引发的农村土地问题与相应对策；
2. 农业税取消后乡镇管理体制可能遇到的问题与相应对策；
3. 农业税取消后农业技术推广服务组织面临的问题与建设思路；
4. 农业税取消后农村公益性社区服务组织建设的对策；
5. 全面取消农业税与农民增收之间的关系；
6. 全面取消农业税与减轻农民负担之间的关系；
7. 全面取消农业税对村级组织建设的影响；
8. 全面取消农业税与农村收费之间的关系；
9. 全面取消农业税与农村基层政权的负债问题；
10. 其他与取消农业税相关的农业、农村发展中的一切问题等。

陆学艺 中国社会学会会长

张晓山 中国社会科学院农村发展研究所所长

于建嵘 中国社会科学院农村发展研究所教授

宋亚平 湖北省委政策研究室副主任

苑鹏 中国社会科学院农村发展研究所组织室主任

徐付群 《乡镇论坛》杂志副主编

包俊洪 《求是》杂志社评论部编审

阎小骏 哈佛大学政府系博士研究生

秦晖 清华大学人文社会科学学院教授

徐勇 华中师范大学中国农村问题研究中心主任、教授

李昌平 著名『三农』问题研究专家、香港乐施会中国项目顾问

潘维 北京大学中国与世界研究中心主任、教授

包永江 中国城郊经济研究会会长

唐鸣 华中师范大学政治学研究院副院长

陈小君 中南财经政法大学副校长

楚成亚 山东大学副教授

余爱民 湖北省监利县税改办主任

王新海 山东海阳市盘石店镇党委干部

闫响先 山东省即墨市段泊岚镇岭后村党支部书记

姚立法 布衣代表 湖北潜江

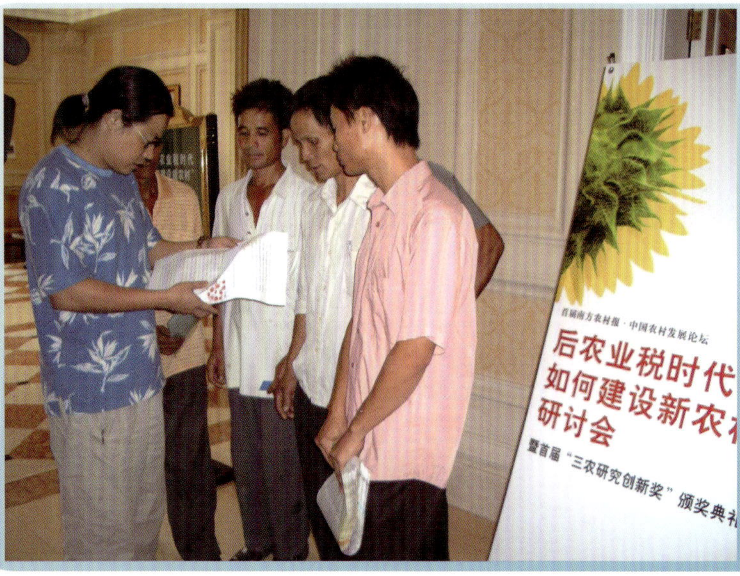

与会农民代表在讨论发言及提问内容

『现场嘉宾发言』

陆学艺：免了税以后，农村怎么办？

徐　勇：中部何以崛起：现代国家的建构与农业财政的终结

陈祖煌：统筹城乡发展，从根本上解决“三农”问题

李昌平：“后农业税时代”的乡镇体制重建

胡晓芹：谁为乡镇减负

潘远臣：农业税取消后村级组织面临的问题及对策

唐　鸣：农村税改革对基层政权建设的影响

高新军：农业税取消后乡镇管理体制可能遇到的问题与相应对策

王新海：全面取消农业税，农民负担依旧沉重

王传师：取消农业税后社会抚养费成了乡镇的宠儿

张　军：乡镇财政现状、问题及解决问题的政策建议

包俊洪：论后税费时代乡村社会政治稳定

闫响先：农业税取消后可能引起的农村土地问题及对策

陈小君：税改后的新乡村建设

余爱民：税改后农村公益事业怎么办?

贾建友：无税时代乡村难承农技推广之重

刘义强：税费改革后农民公共需求调查分析

潘　维：组织贫困农民建新城

王景新：在工业反哺条件下，及时启动中国新乡村建设战略

姚立法：公正的乡村选举是建设新乡村的重要内容

包永江：科学发展观与城郊未来发展

第二届南方农村报·中国农村发展论坛

时间：2006年9月22～23日

地点：广东·广州

主题：“农民合作组织与新农村建设”

中国政府已经启动了建设社会主义新农村的发展战略，确立了“生产发展、生活宽裕、村容整洁、乡风文明、管理民主”的建设目标。新农村建设的战略离不开政府自上而下的推动，并且给予持续的财政支持和组织推动，也离不开社会各界的持久关注和合力支持，但新农村建设的主体自始至终是农民。如何在国家战略进行全局性转变的情况下，使农村基层社会充分发育，使分散的一家一户的农民充分合作，建立多样性的社区内或超越社区的组织，成为建设新农村的生力军，这是推动新农村建设战略的重要一环。

那么，目前农村现存的合作组织形式有哪些？他们面临什么样的困难和困境？农民群体中进行经济、文化、政治等合作的需求是否强烈？基层政府与农民合作组织的关系如何？解答这些问题，需要更多地倾听农村基层工作者的声音，需要倾听专家学者对这些问题的思考，也需要倾听国家有关权威部门对这些问题的解答。

为此，南方报业传媒集团南方农村报再度联合《乡镇论坛》杂志社、华中师范大学中国农村问题研究中心、中国社会科学院农村发展研究所社会问题研究中心共同举办主题为“农民合作组织与新农村建设”的论坛式专题研讨会，汇集基层干部群众、专家、学者和官员，共同就新农村建设中的农民合作问题进行研讨。

『研讨会议题』

●农民对合作组织的需求状况调查；
●农村社区或跨社区民间合作组织现状与问题调查；
●农民合作组织的新模式及其实践效果；
●说说合作社：现状与问题；
●农民经济合作组织如何在农民与公司之间发挥作用；
●农民合作组织与村级自治组织的关系；
●农民合作组织与基层政府的关系；
●经济合作组织在新农村建设中的作用；
●其他有关农民合作组织的问题调研。

『与会人员名单』

专家学者
秦　晖：清华大学历史系教授
徐　勇：华中师范大学中国农村问题研究中心主任、长江学者
党国英：中国社科院农村发展研究所研究员
刘登高：国家农业部经营管理司巡视员
于建嵘：中国社科院农村发展研究所教授
吴　思：《炎黄春秋》杂志社副社长、著名学者
蔡定剑：中国政法大学教授
杜钢建：国家行政学院教授、汕头大学法学院首席教授
武　力：中国社科院经济所研究员
杜志雄：中国社科院农村研究所研究员、科研处处长
苑　鹏：中国社科院农村发展研究所研究员
李昌平：南方周末年度人物、河北大学乡村建设研究中心主任
蔡继明：清华大学人文社会科学学院教授、博导
姚监复：原农业部研究员
蔡永飞：民革中央机关公务员
国鲁来：中国社科院农村发展研究所研究员
刘凤芹：东北财经大学经济学院教授
徐付群：《乡镇论坛》杂志社副主编、博士
陈　林：浙江瑞安市副市长
贺东航：华中师范大学中国农村问题研究中心研究员、博士
彭大鹏：华中师范大学中国农村问题研究中心研究员
温思美：华南农业大学经济发展研究所所长、广东农村政策研究中心主任

葛洪义：	华南理工大学法学院院长、教授
傅　晨：	华南农业大学农业经济管理系主任、广东省人大常务委员会立法顾问
李　平：	汕头大学法学院副院长
何培华：	律师、广东省人大常委会立法顾问
陈建全：	广州华一律师事务所主任
张文方：	华南农业大学人文学院院长、教授
张兴杰：	华南农业大学教授
史传林：	广东社会学学会三农研究会秘书长
黄孟欣：	广东省农业厅经管处副处长

实践者	
赵超英：	河北青县县委书记
罗良标：	福建省农业厅政策法规处副处长
孙大午：	河北大午集团有限公司董事长
姜柏林：	吉林四平银监局官员、梨树农民资金互助合作社发起人
郑　冰：	山西永济市蒲州镇农民协会负责人
李新占：	河北定州市翟城村合作社
林　海：	浙江省苍南县农业局农经总站负责人
冯贻法：	浙江台州临海涌泉柑橘产业合作社负责人
张则尧：	山东诸城市枳沟镇薛家庄村会计
周德才：	河南固始县农民
彭荣俊：	湖南省衡阳县渣江镇盐田责任区文德村
欧建昌：	广州从化清香蔬菜流通协会会长
潘国平：	广东乐昌市九峰农产品流通合作社负责人
蔡观潭：	广东惠东县四季鲜荔枝专业合作社负责人
马洪俊：	广东廉江市良垌日升荔枝合作社负责人

让农民组织起来——

第二届南方农村报•中国农村发展论坛广州共识

2006年9月22～23日，南方报业传媒集团南方农村报、中国社会科学院农村发展研究所社会问题研究中心、华中师范大学中国农村问题研究中心、《乡镇论坛》杂志社，在广州联合主办第二届“南方农村报•中国农村发展论坛”，研究和探讨了农民合作组织与新农村建设这一重大的理论和现实问题。参加论坛的有农民、农民合作组织负责人、乡村干部、全国人大代表、全国政协委员、政府部门官员和知名学者等，共100多人。经过深入研讨，本次论坛在以下方面达成共识。

1．**和世界上其他任何国家一样，中国农民天然地有着寻求合作的意愿和能力。**历史和现实中都不乏农民以良好的组织形式开展合作并取得卓著成效的案例。农民合作无时不在，无处不有，合作是常态的，冲突是偶发的。农民选择非组织性合作还是选择有组织性的合作，理性地根据不同条件下自身的利益状况来确定。进入社会主义市场经济时代，农户面临的风险加剧，为了降低市场风险，共同维护和发展自身利益，农民寻求以组织形式开展合作的要求更加迫切。

2．**多元化社会是中国社会发展的趋势，也是法治社会、和谐社会建设的必然要求。**在多元化社会中，控制社会的力量将逐渐由以前的集中掌握在政府的手中，分散一部分到各个阶层和各种利益团体中去。当社会自我管理能力逐步增强，那么社会也将更加协调有序，生机勃勃，政府的管理职能也将更加简洁、高效。这样的趋势要求多元化社会组织的发育、成长。在农村社会，当前由农民构成的组织，除了有政权性质的村民自治组织外，还存在维权组织、具有经济性质的合作组织和具有公益性质的社区服务组织等。这些都具有自组织的性质，是当前中国农民组织建设的重要领域。它们应该得到同等的发展机会。但是，在当前资源投入有限的情况下，扩展社区公共空间是农民参与村庄公共事务的前提。要动员和整合农村现有的各类有限的资源为村民提供必要的公共物品，需要有基于以农民为主体的、反映农民真实意愿的、直接为农民生产生活服务的、真正属于农民自己的社会组织。

3．**目前农民合作组织呈现缺失状态，这已经严重影响到了农民的社区生活、农业生产发展和农村社会进步。**自人民公社解体以来，中国农村的社会结构发生了机构性的变化。村民自治组织作为政权性质的组织，虽然解决了农村行政管制和部分农民生活中某些方面的问题，但不足以为基于家庭经营为主体的经济合作提供必要的服务，不足以为农民权益的维护提供有效的自组织保障，更不能整合农村跨行政单位的社区性的公益性组织。维权组织受到现实挤压，生存空间不大，使农民在利益遭受侵害之后维权活动获得成功的可能性大大降低。相比而言，农民经济合作组织和老年协会之类的社区公益性组织虽有相当数量，但是由于法律地位不确定和外部环境的恶劣，这些组织发挥的作用还很有限。农民合作组织发展不足，农村社会自我管理的能力将受到束缚，农村社会自我发展的进程将受到阻滞。

4．**要进行农民合作组织建设，需要国家的支持、引导和推动，包括通过立法来保障合作组织的权利，规范合作组织的运作。**目前，给农民合作组织提供法律保障已经成为国家引导合作组织建设的紧迫任务。从长远来看，国家还应该出台政策，给予某些农民合作组织以适当的财政支持。对农民合作组织的立法规范和财政支持，都是政府间接管理农村社会的有效手段，这比政府直接管理农村社会将显著地降低成本，并提高效率。

5．政府对农民合作组织的规范、支持、引导和推动，必须遵循以下原则：一是以农民为主体的原则，农民是合作的主体，农民是合作组织的主人，其他任何组织和个人都不能越俎代庖，直接插手合作组织内部的合法事务；二是农民自愿的原则，即农民合作组织是农民本着自身的意志自愿结成的，农民是否加入合作组织，何时加入合作组织，何时退出合作组织，完全依据农民自己的意愿，依据有关章程，任何组织和个人不能强迫农民加入或不加入某个合作组织；三是为农民服务的原则，即农民合作组织的宗旨是为农民自身权益服务的，而不是为别的群体的权益服务的，一个农民合作组织的产生或者消灭，扩大或者压缩，以有利于组织内成员合法的共同利益之最大化为唯一准则。农民合作组织不应该被强迫承担任何不应该由其承担的义务。

6．要进行农民组织建设，需要针对目前农村社会发展和社会生活存在的具体问题着手，通过各种形式的培训和宣传，让农民自己建立较为规范的各种经济合作组织和公益性的社区服务组织，以促进农业生产，改善农村社会生活环境，提高农民的生活质量。潜心发现和满足农民对组织的需要，是我们从事农民组织建设的基础。

7．改变目前对农民组织的发展多有不公正限制的法律状况，应该成为我们努力的目标。在目前各类农民组织建设存在制度性障碍的情况下，应从确保农民组织健康持续发展的一般条件出发，在现行的法律框架内，推动地方政府进行具体规章制度的修正。

8．推动农民组织建设，必须从历史中总结经验，汲取教训。其一，要消除人们对于农民组织起来所感到的困惑甚至误解。有些人总认为农民组织起来必定是个很大的麻烦，会成为农村稳定局面的威胁，甚至会成为与政府对抗的力量。这种疑虑的存在，阻碍了农民组织的成长。其实这种疑虑是不必要的。革命年代变成和平年代了，我们看待农民组织的视角也要与时俱进。和平建设年代的农民组织已经根本不同于革命时期的农民组织，和平年代的农民自发组织起来做社会发展的动力，是建设和谐社会的重要力量。其二，处理好国家改革需要与农民权益两者间的关系，尊重合作组织自身运转的规律。新中国成立初期政府推动合作化运动，符合了农民寻求互助合作的内在需求，但剥夺了农民的私有财产，很快结束了农民合作化的历史，建立了实际上否定平等合作精神的人民公社制度。这一事实留给我们的教训是：国家不能为了某种改革的需要而忽略农民的自主权和产权，不能把下级服从上级的行政管理模式嫁接到合作组织中来，不能为了整体的目标而故意模糊个体与群体的权益界限，使个体的利益遭受侵害。

建设现代化国家需要农民组织起来，建设和谐社会需要农民组织起来，建设社会主义新农村更迫切需要农民组织起来，而农民自身又有组织起来合作发展的强烈愿望，农民组织发展面临前所未有的好局面。只要政府正确认识，客观判断，科学决策，依法推动，那么农民合作组织的发展将迎来一个明媚的春天。

“南方农村报•中国农村发展论坛”组委会

2006年9月23日

第三届南方农村报·中国农村发展论坛

时间：2007年11月24～25日

地点：湖北·武汉

主题：“农民权益保护与新农村建设”

取消农业税、实施粮食直补、对农村贫困生实行“两免一补”、推进新型农村合作医疗、推动农村低保……随着中央一系列惠农、支农政策的出台和社会主义新农村建设的展开，农民已经逐渐摆脱了经济负担沉重的局面。但是，农民的权益状况是否已经得到了根本改观呢？若非，还有哪些方面处于缺乏保护、容易遭受侵害的状态？是哪些因素阻碍了农民权益状况的改善？应该如何切实保障和发展农民的权益？“三农”问题的核心是农民权益问题，农民权益一日得不到根本保障，农民的弱势地位就一日不能扭转，新农村建设就一日不能由理想变为现实。

为此，南方报业传媒集团南方农村报、华中师范大学中国农村问题研究中心、中国社会科学院农村发展研究所社会问题研究中心、《乡镇论坛》杂志社共同举办主题为“农民权益保护与新农村建设”的第三届中国农村发展论坛式专题研讨会，汇集基层干部群众、专家、学者和官员等，共同就新农村建设中的农民权益问题进行研讨。

刘登高	赵树凯	敖　毅
吴晋生	丁学良	张　鸣
于建嵘	余爱民	王周户

王培楠	江艺平
党国英	徐　勇
江　华	张全收

『主题演讲』

刘登高：面对垄断，农民的市场没有谈判权

王培楠：中国农村发展论坛把农民当主角

赵树凯：农村研究的目标上移

丁学良：给予农民就业和创业支持

姜长云：维护农民权益关键要提高农民组织

张　鸣：农民城市化是不可抗拒的过程

党国英：农村问题要转移到农业问题

徐　勇：第三届中国农村发展论坛特点突出

宋亚平：辩证看待农民权益损害问题

光　磊：中国农村存在一种组织资源上的缺失

魏汝久：中国农村环境污染现状探讨

马　骏：公共服务需均等化

任剑涛：农民工权益保护要均衡权益与利益

王春光：要建立一种平等的协商对话机制

项继权：农村问题的根本是体制问题

王周户：农民的法律保护

王建英：维护农民的合法权益为什么这么难

张全收：全心全意为农民工服务

让农民成为公民——

第三届南方农村报•中国农村发展论坛武汉共识

由南方报业传媒集团南方农村报、华中师范大学中国农村问题研究中心、中国社会科学院农村发展研究所社会问题研究中心、中国社会新闻出版总社《乡镇论坛》杂志社联合主办的“第三届南方农村报・中国农村发展论坛”在武汉成功举行。本届论坛的主题是“农民权益保护与新农村建设”。农民、乡村干部、知名专家学者和政府官员共150多人参加了研讨，并达成以下六点共识。

1．农民权益状况正在得到改善。

近年来，尤其是启动社会主义新农村建设以来，政府通过减免农业税费来减轻农民负担，通过各项补贴来加强对农业生产的支持，通过推动新型合作医疗和最低生活保障制度为农民提供医疗和生活保障，同时加大对农村公共产品的投入力度，促进以工补农，促进城乡统筹发展。这些政策措施的陆续出台，为维护农民权益提供了良好的外部环境，农民权益状况正在得到进一步的改善。

2．农民对权益的需求是一个逐渐增长的过程。

随着经济社会的发展，农民生活水平的提高，农民的自身权益意识已经觉醒，对于自身权益的需求逐渐增长，对于自身权益的争取愈来愈激烈，这其实是一个农民变成公民的过程。农民正在行动起来，识别表达自己的利益，争取维护自己的权益。不断满足农民日益增长的权益需求，依法有效维护农民权益，已经成为新农村建设的主要内容。

3．农民权益保障依然任重道远。

时至今日，农民权益受到侵害的现象依然存在。在农村，农民参与村庄公共事务管理的权利频频被基层组织虚化，农民的集体权益不能通过现有的村庄权力运作机制和基层政府管理机制得到有效保障，随之而来的是，在改变农地用途的过程中农民的土地权益受到侵害，在污染企业纷纷向农村转移的过程中农民的健康权益和生存权益受到侵害，在国家惠农政策贯彻实施过程中本来应该由农民享有的权益被截留，同时基层组织和基层政府向农民非法集资的情况也时有发生。在城市，农民工的主体部分依然游走在城市边缘，“二等公民”地位没有根本改变。他们辛苦劳作之后，仍然不一定能按时取得报酬，更不一定能取得与其付出劳动相适应的报酬，工伤之后也不一定能得到及时的救治和补偿。他们普遍对所服务地区的公共事务不具有发言权，在医疗保障、生活保障、子女上学等方面，不能平等地享受到城市公共财政的阳光。所有这些问题，都有待于我们去调查、研究和解决。

4．农民权益缺失是国家战略失误遗留下来的现实问题。

生活在农村和城市的农民群体，之所以处在权益容易被忽略、被侵害的地位，有深刻的历史根源。曾经在很长一个时期，国家采取以农业补工业、以农村补城市的工业化和城市化发展战略，农村的人才和农民创造的财富源源不断地被输送到城市，结果导致农村的欠发达和农民群体的经济地位低下。为了服务于工业化、城市化战略，国家通过将行政力量深入到农村社区，强化对农村社会的行政控制，遏制了农村社会自治能力的发育和生长，农民缺乏自己组织起来维护和发展自身权益的经验。因此，在中国进入市场经济时代的时候，当农民群体被卷入市场经济大潮中接受洗礼的时候，他们自然最容易成为被忽略、被遗忘和被侵害的对象。

5．改善农民权益状况，政府应承担更多职责。

维护农民权益问题正在得到社会各界的密切关注。一部分农民朋友自身在奔走呼告，一些学者在为农民权益问题进行调查研究，一些法律工作者在为农民提供专业援助，一些媒体在自觉地为农民权益鼓与呼，一些非政府组织在为农民权益默默争取。所有这些努力都值得人们特别的尊敬，但是这些并不能从根本上改变局面。历史上国家发展战略的特别选择，决定了今日农民的弱势地位和权益容易被侵害的现实，而也只有国家和政府才有足够大的力量改变农民的尴尬处境，因为毕竟政府的力量是决定性的。人们非常欣慰地看到，中央政府已经把解决三农问题作为安排各项工作的重点，并在保障农民权益方面出台了许多政策措施。虽然如此，政府在保障农民权益方面还有相当大的延伸空间。

在未来的一个时期，政府至少应该在以下五个方面尽到责任：一是进一步确立政府的农民权益意识，在行政管理中把农民当做与其他阶层地位平等的利益群体；二是进一步加快推进以改善民生为重点的社会建设，加大农村公共服务的投入，让农民平等地享受基本公共服务；三是进一步改革农村地区的政府权力运行机制和评估机制，使政府成为对农民权益负责、为农民权益服务并接受农民监督和评价的政府；四是完善政府对农村社会的建设与管理，为农村基层社会自治能力的培育和成长提供足够大的空间，提高农民的自组织能力；五是在当前还不能彻底改变农民弱势地位的情况下，政府要积极推动保护农民权益的法律制度建设，并促进这些法律制度得到有效实施。赋权、平权和维权是一个环环相扣的链条，都需要政府在政策和行动上作出更多的努力。

6．保护好农民权益是社会主义新农村建设的重要基础。

国家推动的社会主义新农村建设，为中国农民描绘了一幅幸福、美好的蓝图，亿万农民为之欢呼，充满期待。但是，新农村建设毕竟不是在一张白纸上自由描绘最美的图画，农村整体还较落后，农民整体处于弱势地位，农民权益整体上不能得到有效保障，是新农村建设的一个不可回避的现实基础。只有正视这一现实，从这样的现实出发，在积极部署面向未来的新的建设任务的同时，也积极地改善农民的现实地位，积极地维护农民的现实权益，才能把新农村建设在一个稳固的基础之上。若农民的正当权益得不到伸张，农民的合法权益得不到保护，则新农村只是一纸蓝图，和谐社会不过是美好愿望，现代化中国仍将遥遥无期。

在建设和谐社会的今天，人们有理由期待，保护农民权益不再是一个激烈斗争的过程，而是一个各有关方面经常性地沟通、交流、协商的过程。当所有各方都清晰地看到在这个问题上各自应该承担的职责，并采取恰当的态度和行动方式，农民权益维护问题就有希望在一个符合和谐目标的轨道上平稳地得到解决。

“南方农村报•中国农村发展论坛”组委会

2007年11月25日

第四届南方农村报·中国农村发展论坛

时间：2008年12月6～7日

地点：北京

主题：“还权于民与重塑农村改革之魂”

随着十七届三中全会《中共中央关于推进农村改革发展若干重大问题的决定》的颁布，中国新一轮农村改革的号角已经吹响。新的农村改革，以城乡一体化为目标，以农村城镇化、农业现代化和农民(工)公民化为主要内涵，在土地流转和征收、农村金融、现代农业、农民合作社和农民养老等诸多方面，都将推出新政。

三十年前，波澜壮阔的改革开放发端于农村，农民曾一度成为改革大戏的编剧和主演；三十年后，新一轮农村改革再次启动，农民已沦为配角，农村改革之魂亟待重塑。

强势农村媒体、顶级三农专家与农村基层代表汇集北京，重温农村改革历史，论道农村新政，描绘农村改革新路线。

论坛主要就农村改革中农民的智慧与创造、改革中的农民土地权益问题、三十年农村改革的根本经验、农村改革的现实困境与出路、农村改革的回顾与展望等五方面的问题进行了深入的探讨和交流。

会上还揭晓了经网友提名、历时四个多月网络票选得出的“改革开放三十年十大农民创造风云人物”。江苏华西村老支书吴仁宝、冬暖蔬菜大棚发明人王乐义、山西省永济市农民协会会长郑冰等7位农民获得“农民创造风云人物”称号，安徽凤阳县小岗村、深圳市宝安区万丰村、贵州锦屏县圭叶村三个村集体获得“农民创造风云人物”集体奖。

『嘉宾发言瞬间』

于建嵘：主持大会

张　鸣：农村土地与农民组织

景跃进：点评农村改革中农民的智慧与创造

李昌平：越南土地制度的启示

蔡永飞：农村怎样成为城市的大后方

贺东航：三十年来林权政策改革的回顾与展望

樊红敏：点评农村改革的现实困境与出路的讨论

梁彩云：让农民真正成为土地的主人

姜柏林：完善土地流转制度必须发展农村信用合作

朱麦囤：家庭联户代表制的经验与启示

张全收：我当“民工司令”的新体会

曹东哲：我怎样用互联网帮农民卖产品

『主题演讲』

史卫民：农村基层选举制度的回顾与反思
陈和午：改革30年我国农村土地政策回顾与反思
徐学通：村民自治中“村支两委”关系及形成缘由
王　勇：中国农民组织化回顾与反思 1978～2008年
王成慧：我国农村流通——30年发展之成就
田雄/王思明：制度变迁与村庄利益博弈
马万祥：利益博弈下的农村改革
罗桥顺：新疆农村土地流转的检讨与对策建议
阚景阳：后农业税时代的村级财务困境及其化解途径
张玉奋：“村官腐败”是改革的障碍
谢初勤：三十年目睹农村的选举现象
陶地胜：我家乡发生的许多怪现象
任光翠：新形势下家庭联产承包责任制面临新挑战
彭青岭：农村人才成长环境问题分析与对策思考
赖则昭：“逃荒村”变身“亿元村”
高金红：关于农村改革与发展的建议
杨士楚：新农村建设中公共产品的供给不容乐观
王白芸：一个不容忽视的社会热点问题
汪逸清：村委会“行政附庸”现象及对策探讨
林秋朔：新一轮农村改革与农民价值观再造
罗必良：微观体制改革的宏观效应
徐俊忠：农民增收，路在何方
赵树凯：也谈三十年农村改革的根本经验
魏汝久：农村环境污染问题严重
广州市农业局综合调研处课题组：广州市农村“两委”运作机制研究

将还权于农民进行到底——第四届南方农村报·中国农村发展论坛北京共识

2008年12月6日至7日，由南方报业传媒集团南方农村报、《乡镇论坛》杂志社、中国社会科学院农村发展研究所社会问题研究中心、华中师范大学中国农村问题研究中心联合主办的第四届“南方农村报•中国农村发展论坛”在北京举行。本届论坛的主题是“还权于民与重塑农村改革之魂”。全国各地农民、乡村干部、知名专家学者和政府官员共160多人参加了研讨，并达成以下基本共识。

1．中国农村改革的根本经验是还权于农民。

三十年农村改革的根本经验就是以农民为主体，尊重农民的意愿，还权于农民，从而使农村面貌发生了巨大变化：农民得到了土地经营自主权，激发了生产积极性，农村经济快速发展，解决了自己的温饱问题和国家粮食安全；农民得到了自由流动权，他们可以进城务工，为城市经济发展作出了巨大贡献，同时也改善了自己的生活状况；农民得到了社区自治权，农村社区民主建设有所发展，农民经受了民主选举的训练，有机会和能力治理自己的家园；农民得到了免交农业税权，在一定程度上缩小了农民与其他社会阶层的收入差距，增强了农村发展的后劲。

2．农民权利的缺失已成为阻碍农村改革的根本因素。

必须正视的现实是，农民权益缺失的状况依然不容乐观，农民在农村改革中的主体地位正在削弱，农村改革已经面临巨大阻力：农民土地权益缺乏保障，失地农民已成为严重的社会问题；1亿3千万进城务工人员缺乏权益维护机制，不能享受城市居民同等的基本公共服务，大部分人仍处于“二等公民”地位；广大农民还没有真正成为独立的利益主体，还不能建立自己的利益表达机制，农民权益经常受到强势群体的挤压和侵害，这也是群体性冲突事件频发的诱因；农民和农业在市场经济中的弱势地位并没有得到根本改变，各种惠农政策和农业补贴机制也急需制度化和法律化。

3．继续还权于民是推进新一轮农村改革的关键。

中共十七届三中全会，审时度势，在改革开放三十周年之际，提出尊重农民的首创精神，重新把农村改革和发展确定为今后工作的关键问题。因此，在今后相当长的一段时间里，继续还权于民，维护和争取农民权益，必然成为推进农村改革的关键，这需要政府、社会、农民三方共同的行动。

历史经验昭示，只有农民的权益得到充分保障，农民的创造才能得到发挥，农村和城市才能和谐共进，亿万农民才能焕发成农村经济社会发展的动力，农村改革才能进一步深化并迈上新的台阶。因此，本次论坛倡议：让我们将还权于农民的工作进行到底！

“南方农村报•中国农村发展论坛”组委会

2008年12月7日

第五届南方农村报•中国农村发展论坛

时间：2009年11月7～8日

地点：广东·梅州·蕉岭

主题：“农村治理创新与社会实验”

为了探索农村治理的新方式、新经验，一些开明的官员筚路蓝缕，进行了坚苦卓绝的努力，用创新的方法推动了农村的发展。同时，在体制外，一些社会组织、学术机构和个人也进行了大量的农村社会实验，有的是文化教育性质的，有的是民主实验性质的，有的是综合发展性质的，这些社会实验在当地产生了积极的影响。

梳理改革开放以来，特别是新千年以来不同类型的农村治理创新和社会实验，促进体制内和体制外力量的交流与互动，总结一些行之有效的治理经验和做法，为党和政府相关部门的决策提供依据，这具有重大的理论和现实意义。

基于此，南方报业传媒集团南方农村报、华中师范大学中国农村问题研究中心、中国社会科学院农村发展研究所社会问题研究中心、广东省蕉岭县委县政府联合举办主题为“农村治理创新与社会实验”的专题研讨会，汇集基层干部群众、专家、学者和官员等，共同就有关主题进行研讨，并展望今后农村治理创新的可能路径。

链接：

蕉岭县因尝试了以“村务监事会”为主体框架的农村基层治理“蕉岭模式”而名扬学界。

蕉岭从加强农村民主监督入手，从探索村庄权力监督模式、维护村民监督权，到试行干群对话制度、维护群众表达权，再到建立召集组制度、保障村民的决策权和参与权，如今，这种民主参与和权力监督并举的村务监督模式已在全省逐渐铺开。

2012年5月6日，蕉岭县因其在农村村务监督方面的探索和创新获颁首届“广东治理创新奖”农村改革奖，成为广东治理创新的典型。

『与会者风采剪影』

江艺平	徐　勇	何增科
党国英	高新军	陆　雷
陈　永	鄢烈山	王建明

陈小山	周章新
林健雄	赵超英
陈奕敏	卢尧生

『主题演讲』

党国英：我国乡村治理的几个方向性问题

徐　勇：由制度、组织到能力建设——华中师范大学中国农村问题研究中心三次实验及其启示

高新军：目前我国农村社区建设的组织创新

陈奕敏：民主恳谈：基层民主治理的温岭模式

卢尧生：蕉岭县基于维护群众“四权”的村务监督模式实践与探索

徐　勇：受监督的权力更有力量

马　华：南农实验经验介绍

彭大鹏：让基层民主重新运转起来

赵超英：青县模式介绍

黄坤荣：村干部眼中的农村问题

会后，与会代表参观“民主监事会”试点村——芳心村

与会代表与芳心村村委干部交流

与会代表点评芳心村『民主监事会』模式

芳心村村干部

让基层民主有力运转起来！——第五届南方农村报·中国农村发展论坛蕉岭共识

2009年11月7～8日，由南方报业传媒集团南方农村报、华中师范大学中国农村问题研究中心、中国社会科学院农村发展所社会问题研究中心、中共广东省蕉岭县委、蕉岭县人民政府共同举办的第五届“南方农村报——中国农村发展论坛”在广东蕉岭举行。本届论坛的主题是“农村治理创新与社会实验”。来自全国各地的知名“三农”学者、基层干部、农民代表和媒体代表共100余人参与了研讨，并达成以下基本共识。

1．**在民主化治理的大趋势下，基层民主建设是农村治理的核心内容。**而现阶段我国村民自治所提倡的民主选举、民主决策、民主管理和民主监督四大民主中，只有民主选举基本落到了实处，其他三项在各地的实践中，多流于形式。这种基层民主运转的无力现状给农村治理带来了新的挑战。

2．**让基层民主有力运转起来的目的是保障农民的权益和增进农村社会的公共利益。**在基层民主的发展过程中，对单个的农民来说，民主是保障自身权利和利益的有效方式。对作为共同体的村庄来说，民主是实现农村治理和促进村庄公共利益的有效途径。基层民主目标的实现是评价农村治理创新中民主治理成效的一个重要标准。

3．**制度创新是基层民主运转的有效推动力。**从无到有、从文本到墙头、从墙头到地头，这是制度建设在基层民主建设中发挥作用的三个阶段。同样，从现实出发进行制度创新，让好的制度探索成为好的经验，好的经验成为好的政策，好的政策成为好的法律，这是制度创新价值的实现过程。根据法律精神进行的制度探索和创新，为基层民主和农村治理的完善拓展了空间，也为基层民主的有力运转提供了强大的支持。

4．**组织创新是基层民主有力运转的依托。**改革以来，农村社会日益向多元化发展，个体农民缺乏组织性，对公共事务的参与积极性较低。在很多情况下，农民是在被组织，农民的组织化更多的是依靠外生力量的动员，而不是依靠内生性力量。村民的基本利益诉求和对公共事务的参与失去了有效的实现途径。而个体化的行动又往往难以改变现实，结果只能是产生政治无力感，由无力感再带来挫折感，最终甚至对现有的治理模式产生失望情绪。因此，保障农民利益、建设基层民主，都必须尊重农民的主体性和自主性，加强农民的自组织建设，让农民组织起来，提高农村的组织化程度。

5．**能力建设是基层民主运转有力的基础**。村民自治的实践告诉我们，今天的农民依然很弱，农民能力问题依然是制约农村发展的大问题。基层民主的有力运转离不开农民民主意识、民主素质和表达合作等能力的提升。

6．**作为探索农村治理的主体，来自体制内和体制外的力量应该多方合作，上下互动，结合各自的优势资源积极创新，为农村发展探索宝贵的经验**。本次论坛讨论的“青县模式”、“温岭模式”和“蕉岭模式”是农村治理创新探索中的典型代表。在本次论坛上受到热议的“南农实验”，就是由基层党政机构、学术单位、新闻媒体和实验村四方合力推动的一个项目，南农实验将进一步探索通过资源整合来促进村治能力和水平的提升途径。这种为农村治理和发展寻找方向的实践行动，需要政府、科研机构、媒体、基层农村乃至整个社会各界的关注和参与。

在改革开放以来我国农村发展的各个阶段中，从来都不缺乏对农村治理和基层民主的探索者，他们的实践为农村建设提供了丰富的经验，影响或将要影响正在发展中的农村。作为农村治理的方向和目标之一，基层民主的有效性关系着农村的发展和未来，因此本次论坛倡议的口号是：让基层民主有力运转起来！

“南方农村报•中国农村发展论坛”组委会

2009年11月8日

第六届南方农村报·中国农村发展论坛

时间：2010年10月29～30日

地点：广东·云浮·云安

主题："农村综合改革与社会建设"

从2006年开始，我国的农村改革告别了单兵突进式的行动，转入了以乡镇机构改革、农村义务教育改革、县乡财政管理体制改革为重点的农村综合改革阶段。《国务院关于做好农村综合改革工作有关问题的通知》（国发〔2006〕34号）中指出，通过农村综合改革，转变基层政府职能，加强农村社会管理，搞好农村公共服务，健全乡村治理结构，建立农村工作新机制，为新农村建设提供动力源泉。这是在国家层面首次将农村综合改革与社会管理联系起来。

而对以社会管理为部分内涵的社会建设，执政党越来越认识到它的重要性。胡锦涛总书记在十七大报告中提出，必须在经济发展的基础上，更加注重社会建设。应该说，我国目前出现的层出不穷的社会问题，特别是冲突性事件，跟经济建设与社会建设一条腿长、一条腿短的现象息息相关。

如何通过农村综合改革，以推进社会建设，是一个在理论和实践上都具有重大价值的命题。

为此，南方报业传媒集团南方农村报联合华中师范大学中国农村问题研究中心、中国社会科学院农村发展研究所社会问题研究中心共同举办主题为“农村综合改革与社会建设”的论坛式专题研讨会，汇集基层干部群众、专家、学者和官员等，共同就农村综合改革问题进行研讨。

链接：

作为广东最年轻的一个山区县，云安因其农村基层综合改革而声名在外，吸引了国内众多学者前来解剖。云安推进主体功能区建设，破解“镇镇开发”发展难题；建立县域统筹保障体系，破解“唯GDP论”的履职难题；创新体制机制改革，破解“职权责不对称”的施政难题；构建社会化服务网络，破解“城乡发展失衡”的二元难题。

云安县的探索得到了汪洋、黄华华等省领导的充分肯定，受到了《人民日报》、《南方日报》等权威媒体的高度关注。

2010年2月，广东省政府批准云浮市为“广东省农村综合改革实验区”；2010年7月，广东省政府批准云安县为“广东省农村综合改革示范县”；2011年1月8日，云安县被评为“中国改革（2010）年度十大县市”；2011年2月17日，广东省省长黄华华主持召开省政府常务会议，部署全省推广“云安模式”，推进农村综合改革；2011年2月26日，广东推出以云安改革实践为蓝本的《关于推进山区县农村综合改革的指导意见》；2012年5月6日，云安县获颁首届“广东治理创新奖”农村改革奖。

陈祖煌	邓伟志	张红宇
徐　勇	张晓山	于建嵘
高新军	陈开枝	陈　永

王春芙	江艺平
竹立家	徐祥临
刘登高	金繁丰

『主题演讲』

邓伟志：只有改革才能加快新农村建设：对五中全会的几点思考

徐　勇：社会建设：通向民主政治的桥梁

金繁丰：云安农村综合改革情况

刘守英：村庄治理的危机

曹国英：乡镇政府指导村委会工作的权限

徐祥临：主体功能区划分与欠发达农村的科学发展

何艳玲：经济发达地区农村社会风险及其应对

张红宇：十二五期间如何把握农业与农村发展大势

彭真怀：给农民一个免于恐惧的未来

蔡　霞：构建城乡公共服务体系的若干问题

竹立家：关于中国农村发展的几个关键问题

高新军：以分区制为特征的美国地方政府对土地的管理

郭宝成：神木医疗改革的经验

邓秀华：乡镇部门事业单位的现实困境及改革反思

王克群：强镇扩权的思考

彭化典：乡村债务危机的财政解决之道

与会专家徐勇教授接受媒体采访

与会专家于建嵘教授接受媒体采访

与会代表参观南盛镇『两办三中心』

让社会建设为农村改革注入新动力——第六届南方农村报·中国农村发展论坛云安共识

2010年10月29～30日，由南方报业传媒集团南方农村报、华中师范大学中国农村问题研究中心、中国社会科学院农村发展所社会问题研究中心共同主办，广东人文学会协办的第六届“南方农村报•中国农村发展论坛”在广东省云安县成功举行。本届论坛的主题是“农村综合改革与社会建设”。来自全国各地的农民代表、乡村干部、知名专家学者和政府官员200余人参加了研讨，并达成以下6点共识。

1．我国的农村改革已经进入深水区。

新世纪第一个十年，是我国农村发展较快的十年，也是社会矛盾日益复杂的十年。当前，城乡二元结构凸显、农村公共服务滞后、农村基层政权薄弱等几十年积累的顽疾，仍然在很大程度上制约着我国农村的发展。

2．改革是应对农村社会风险的有效途径。

当前，我国农村发展面临的诸多问题如果长期得不到解决，很容易由隐性风险演变成显性矛盾，再由显性矛盾演化为社会冲突，甚至带来震荡。因此，必须正视现实，以积极有效的改革措施加以应对。

3．农村改革是一项整体性、综合性的工程。

我国大多数农村都存在着区域发展不平衡、城乡发展不平衡、经济社会发展不平衡的情况。改革要从统筹发展的理念出发，通过协调区域发展、统筹城乡发展，促进农村社会的全面进步。同时，经济发展、社会管理、公共服务、文化思想等，都是农村改革系统工程的组成部分，不可偏废。

4．社会建设是农村综合改革的核心。

长期以来，我国农村走的是一条不均衡发展的道路。相对于经济建设，农村的社会建设长期被忽视，农村公共服务缺失等现象仍普遍存在。农村社会建设包括组织建设、能力建设、制度建设、文化建设等方面。社会建设的时机不能再等，事先解决民生问题比事后解决上访问题更有效。农村综合改革中，要通过转变基层政府职能，加强农村社会管理，搞好农村公共服务，建设健全农村组织，建立农村工作新机制，为新农村建设提供动力源泉。

5．加强社会建设，需要国家的支持和引导，需要基层政府的改革和突破，需要农民的参与和互动。

国家的支持和引导，是农村社会建设的基本保障。近年来，国家在加强农村社会管理、推动城乡公共服务均等化等方面加大了投入，但是总体来说，农村的社会建设仍处于较低水平，需要更多的强农惠农政策予以支持。

基层政府的改革和突破，是农村社会建设的重要推动力。在转型期的中国农村社会，需要同时也无法拒绝来自公权力对农民生活模式设计和善意的制度输入。在对治理之困、之苦有切肤体会的中国地方官员中，试图革新旧弊的思想家、实干家正在再度占据时代潮头。

农民的参与和互动，是农村社会建设的生命力所在。农村社会建设，最终目的在于使农民在政治、经济、文化和生态领域充分受益，在于激发作为社会建设主体的农民的创造性。官方应尊重和保护农民的自主性和积极性，并与之充分互动。

6．近年来基层出现的改革试验是农村综合改革的宝贵财富。

一批富有改革精神的基层官员已经开始了对农村发展新模式的探索。在本次论坛上受到热议的“云安实践”，就是一次具有创造性的农村综合改革试验。

云安的改革是一次以县域统筹为基础、以社会建设为支点、以综合改革为保障的农村建设实践。它通过划分主体功能区，统筹县域经济发展；以解决民生问题为经、以公共服务下乡为纬，编织了一个统筹城乡发展的社会化服务网络。这为农村的稳定和谐发展，为中国在市场经济基础上从社会建设走向民主政治，提供了一个地方性的探索标本。

历史经验昭示，我国农村的每一步发展，都离不开呼应现实、量力而行的改革措施。新形势下，继续推动农村综合改革，加强农村社会建设，对于解放农村生产力、加快社会主义新农村建设极具路径价值。因此，本次论坛倡议：让社会建设为农村改革注入新动力！

“南方农村报•中国农村发展论坛”组委会

2010年10月30日

第七届南方农村报•中国农村发展论坛

时间：2011年12月20～21日

地点：广东・云浮

主题："创新基层社会管理机制"

改革开放三十多年来，中国经济取得了举世瞩目的成就。与此形成鲜明对比的是社会管理机制的相对滞后。“一条腿长、一条腿短”的现实，严重制约着中国社会的良性健康发展。当前，我国工业化、城镇化、信息化、国际化齐头并进，热点领域矛盾交织，更加考验政府社会管理的水平和能力。

而基层社会管理，由于直面广大群众，成为社会管理体系中的基石和重中之重。近些年来，各地屡有出现严重社会冲突，一些简单的个体事件，本可化解于无形，却最终酿成群体性事件，这与基层管理机制不完善不无关系。

中央早已意识到这个问题，2011年2月19日，胡锦涛总书记在省部级主要领导干部社会管理及其创新专题研讨班开班式上强调：“要进一步加强和完善基层社会管理和服务体系，把人力、财力、物力更多投到基层，努力夯实基层组织、壮大基层力量、整合基层资源、强化基础工作，强化城乡社区自治和服务功能，健全新型社区管理和服务体制。”

之后，社会管理又写入了今年的《政府工作报告》和“十二五”规划。可见，社会管理是当前新形势下构建社会主义和谐社会的必然要求，是维护最广大人民根本利益的必然要求，也是提高党的执政能力和巩固党的执政地位的必然要求。

因此，如何推进基层社会管理机制，无论在理论上和实践上，都是当下中国的一个重大课题。

为此，南方报业传媒集团联合中央编译局、云浮市委市政府、华中师范大学中国农村研究院和中国社会科学院农村发展研究所社会问题研究中心共同举办主题为“创新基层社会管理机制”的论坛式专题研讨会，汇集基层干部群众、专家、学者和官员等，共同就农村综合改革问题进行研讨。

张东明	黄 强
郭汉毅	党国英
冯兴元	张小劲
徐祥临	徐 勇

郎友兴	曹国英
周红云	高新军
邓大才	汪庆华
马　华	金繁丰

与会专家到云安县石城镇横洞村参观考察

与会专家到云安县石城镇考察乡民理事会

与会专家到云安县石城镇横洞村参观考察农民公寓

让基层社会管理大步向前——第七届南方农村报·中国农村发展论坛云浮共识

2011年12月20日，由中央编译局比较政治与经济研究中心、华中师范大学中国农村研究院、中国社会科学院农村发展所社会问题研究中心共同举办的第七届“中国农村发展论坛”在广东省云浮市成功举行。本届论坛的主题是“创新基层社会管理机制”。来自全国各地的农民代表、乡村干部、知名专家学者和政府官员共100余人参加了研讨，并达成以下4点共识。

1．基层社会管理事关农村发展全局。

基层社会是整个国家和社会稳定繁荣的基础，也是社会矛盾和冲突的晴雨表。基层社会管理是连接政府的行政管理和社会的自我管理的桥梁，是引导、推动和凝聚官民合作治理的核心机制。研究基层社会管理问题、创新社会管理机制，是深化农村改革的新路子。

2．政府管理体制变革是创新社会管理体制的基石。

社会管理是政府与社会的共治共理。政府是其中关键的协调者、引导者和治理体制框架的构建者。变革政府管理体制，突出政府的公共性、问责性和回应性，才能为政府功能更多向社会民生领域扩展，政府职能更多向下给力奠定基础。此外，应推动村民自治进一步发展，使其活力在社会管理体制创新中再度激活。

3．充分发挥优秀传统文化在创新社会管理中的作用。

中国农村有传承久远的自我管理传统。“乡贤”、“宗族”等农村社会精英和文化组织形式在其中发挥着重要作用。在“皇权不下县”的传统中国，他们在调解乡村矛盾，构建乡村社会秩序中不可或缺。今天，在创新社会管理、推动村民自治的背景下通过发挥村级组织的积极引导作用，将农村传统社会组织与正式组织力量有效结合起来，使优秀传统文化在基层社会管理中发挥作用，进而维护乡村社会的稳定和繁荣，意义重大。

4．社会管理机制创新的“云浮实验”值得肯定。

广东省云浮市立足顶层设计与基层经验的紧密结合，以体制机制创新解决传统社会管理中“职责不清、体制不畅、活动不强”等诸多问题。云浮实验的核心在于，通过体制变革、调整各级政府之间的利益关系来解决改革中的“硬骨头”，明晰政府职能，融财政改革与干部考核机制于一体，破除“GDP”魔咒，进而构建向下给力的多元共治的社会管理体系。

当前，推动农村改革的深化，体制与机制创新是核心动力。创新社会管理，加强农村社会管理和社会建设，是促进农村发展，建设社会主义新农村的制度保障。因此，本次活动倡议：基层政府要以创新社会管理机制为契机，深入研究社会管理的经验和问题，让中国农村基层社会管理大步向前！

“南方农村报•中国农村发展论坛”组委会

2011年12月20日

媒体报道情况

由媒体参与主办和追求社会影响力，是南方农村报•中国农村发展论坛区别于目前所有其他“三农”论坛的重要特点。通过各类有影响力的媒体对论坛进行报道传播，让全社会特别是更多的农民了解“三农”问题的最新情况及研究成果，增进他们对“三农”问题的理解并促进他们的行动，是这个论坛的根本目的。

对各届南方农村报·中国农村发展论坛做报道的重要纸媒有《人民日报》、《南方日报》、《南方都市报》、《南方周末》、《21世纪经济报道》、《南方农村报》、《新京报》和《楚天都市报》等。

对各届南方农村报·中国农村发展论坛做直播报道的网站共有4个，分别为凤凰网、腾讯网、天涯社区网、农博网。

全球各类网站对各届论坛进行转载报道的更多，输入“南方农村报·中国农村发展论坛”，在“google网站”上可搜到652 000项结果，在“baidu网站”上可搜到2 200 000项相关结果。随着时间的推移，论坛的举办还会持续，互联网的转载也将持续，“南方农村报·中国农村发展论坛”的影响力还会继续扩大。

媒体报道目录选摘

2005年9月23日，南方网，题目：《首届南方农村报·中国农村发展论坛在广州召开》

2006年9月22日，中国经济网，题目：《第二届南方农村报·中国农村发展论坛在广州召开》

2007年11月25日，《南方都市报》，A16国内版，题目：《第三届中国农村发展论坛召开》

2007年11月25日，《南方日报》，A02要闻版，题目：《再谈“狗日的农民工”，律师周立太语带哽咽》

2007年11月26日，《楚天都市报》，23中国版，题目：《中国农村发展论坛在汉召开》

2007年11月26日，《南方日报》，A02评论版，题目：《发出底层农民的声音》

2007年11月27日，《南方农村报》，题目：《农民权益保护 他们如是说》

2007年11月27日，《南方农村报》，题目：《农民前排坐 专家往后靠》

2007年11月29日，《南方都市报》，A02社论版，题目：《让农民成为公民》

2007年11月29日，《南方农村报》，题目：《从民工中来 到民工中去》

2007年12月04日，《南方日报》，A15笔谈版，题目：《在情感与理性之间探讨农民权益》

2007年12月12日，《南方日报》，A06深度版，题目：《“农民工司令”张全收》

2007年12月19日，《21世纪经济报道》，08民生版，题目：《扭转“包办”惯性 农民权益保障农民主导》

2007年12月19日，《21世纪经济报道》，08民生版，题目：《“现代政治智慧”争取国民待遇》

2008年12月07日，《光明日报》，第5版，题目：《第四届中国农村发展论坛举行》

2008年12月09日，《南方都市报》，C04版 ，题目：《像银行存贷款那样“存贷土地”》

2008年12月08日，《南方日报》，A02版，题目：《这个时代仍然需要改革家群体的出现》

2008年12月09日，《农民日报》，第4版，题目：《第四届“南方农村报•中国农村发展论坛”举行》

2008年12月10日，《南方都市报》，A02版，题目：《将还权于农民进行到底——第四届南方农村报•中国农村发展论坛北京共识》

2008年12月18日，《南方周末》，D28版，题目：《将还权于农民进行到底》

2009年11月8日，《南方日报》，第A04版，题目：《聚焦蕉岭模式》

2009年11月10日，《南方农村报》，第04版，题目：《让基层民主有力运转起来》

2009年11月12日，《南方农村报》，第04版，题目《农村要发展 民主须推进》

2009年11月12日，《南方农村报》，第05版，《民主搞乱了村庄?》

2009年11月15日，《人民日报》，第6版，题目：《“三农”专家热议村务监督》

2009年11月15日，《南方都市报》，第A13版，题目：《“监督后的权力更有力量”——蕉岭模式：村民自治的粤版样本》

2009年11月16日，《21世纪报道》，第08版，题目：《广东蕉岭村庄治理新模式：用三老来制衡村委会》

2009年11月30日，《中国检查日报》，第05版，题目：《村民自治，蕉岭探索基层权力制衡格局》

2010年10月27日，腾讯网，题目：《第六届中国农村发展论坛即将开幕》

2010年10月30日，网易新闻，题目：《第六届“南方农村报•中国农村发展论坛”云安共识——让社会建设为农村改革注入新动力》

2010年10月30日，《南方农村报》，03版，题目：《农村改革 云安探路》

2010年10月31日，《广州日报》，题目：《第六届中国农村发展论坛召开》

2010年11月2日，新华网，题目：《第六届“南方农村报•中国农村发展论坛”在云安召开》

2011年3月12日，《南方都市报》，题目：《云浮市委书记详解“云安模式”》

2011年3月24日，《广州日报》，题目：《问道广东“云安模式”乡镇干部从“业务员”变“公务员”》

2011年12月20日，南方网，题目：《第七届中国农村发展论坛云浮论剑》

2011年12月20日，《广州日报》，题目：《“第七届中国农村发展论坛”在云浮举行》

2011年12月21日，《云浮日报》，第1版，题目：《第七届中国农村发展论坛形成“云浮共识”—— 创新机制推动基层社会管理》

2011年12月22日，《南方农村报》，01版，题目：《创新社会管理需要“上下给力”——第七届中国农村发展论坛在云浮举行，培育新型自治组织成热议话题》

2011年12月22日，《南方农村报》，02版，题目：《第七届中国农村发展论坛云浮共识——让基层社会管理大步向前》

2011年12月22日，《南方农村报》，02版，题目：《与会专家学者高度评价“云浮实验”——官民良性互动的鲜活样本》

Ⅲ行动力Action：践行公益精神——小草行动

"小草行动"简介

农村的贫困人群远高于城市，可是因为缺乏关注，他们的获助渠道极其匮乏。在部分地市、县城，有一群爱心人士在无私奉献，可是因为缺乏公信力，因为募捐范围狭小，他们的资助、募捐能力有限。

《南方农村报》是南粤最贴近农村和农民的媒体，行走乡间的记者最了解乡村弱势群体的情况。我们搭建公益平台，意欲为弱势者提供求助的出口，为爱心人士提供献爱心的渠道，为企业提供公益活动的资助对象，为志愿者提供活动的舞台。

《南方农村报》“小草行动”，旨在利用媒体的公信力，联手地方志愿者，搭建城乡之间的桥梁，让更多爱心人士的爱心安全着陆，让更多的弱者获得资助。

“小草行动”于2010年5月成立，截至2012年5月，已与茂名、云浮、韶关、梅州、汕尾等数十个爱心团体联手，筹款近百万，帮助了500多户村民，资助了两三百名学生，挽救了数名重症孩子的性命，努力促使扶贫济困的爱心在南粤农村生根发芽。

“小草行动”大事记

2010年4月13日

电白县旦场镇农家女蔡燕梅被确认患上尿毒症，如要彻底治疗，需换肾，得花30多万元。经济贫苦的她只好求助社会，当地网友到福彩投注站拉横幅呼吁中大奖得主捐钱救助蔡燕梅。《南方农村报》独家报道后，引起社会强烈反响，并第一时间联合社会各方，筹集善款30多万元。

2010年7月22日

由《南方农村报》“小草行动”联合高州市人民医院、信宜市妇联等单位发起捐助的信宜市先天性患儿黄龙英，接受手术后病愈出院。此活动中，“小草行动”筹集医疗费1万多元，高州人民医院减免部分医疗费。目前，“小草行动”每月还对其生活进行资助。

2010年8月25日

由《南方农村报》“小草行动”与爱心互助协会联合发起的第一次助学活动，决定资助我省乐昌市白石镇新田村的部分贫困生。资助前的为期两天的家访调查工作已于2010年8月15日结束。首批共17名受访贫困生有望9月开学前获得资助，每生每月100元，直至其高中毕业。

2010年10月2日

由《南方农村报》“小草行动”、广东摩托车发展研究中心联合当地网站开展的救灾公益活动在信宜市钱排镇举行，共筹集救灾物资折合人民币10多万元。

2010年10月23日

《南方农村报》“小草行动”和电白义工团联合茂名、阳江等地的热心人士，前往电白县爵山下海深泉村探望贫困生严彩霞一家，并送上爱心人士捐助的物与钱。“小草行动”现正联手电白义工团，在电白开展公益助学活动。

2010年10月30日

信宜玉都风情网、《南方农村报》“小草行动”将收集到的网友、商家的捐款购买112套崭新课桌，分别送给钱排双合小学、达垌小学，志愿者还为两间小学的4名贫困学生送上助学金、学习书籍、文具。

2011年1月9日

电白义工团联合《南方农村报》发起了“小草暖冬行动”。为电白县的四十多位孤寡、空巢老人送去温暖，为他们每人购置一床新被及一套棉衣，并亲自送到他们的手中，以确保他们能够安然过冬。

2011年5月21日

由《南方农村报》“小草行动”、化州市橘乡义工协会联合化州尖岗岭天然泉水厂、化州体育局、化州市第一中学等单位举办的“稀世锌泉之百善孝为先，化州市感恩父母大型洗脚活动”在化州市康景体育馆内举行。

2011年7月16日

《南方农村报》“小草行动”联合化州市橘乡义工协会良光分会为化州市良光镇各村群众送医送药。热心企业无偿捐赠了价值6 000多元的保健品、口服液、凉茶等，免费派发给每一位前来看病的群众。

2011年9月1日

因患尿毒症无钱治疗的电白县旦场镇青屋村农家女蔡燕梅重新回到昔日的母校旦场中学就读。

信宜准女大学生黄坤凤得到资助，到华南农业大学报到，开始她4年的本科学习。

2011年10月20日

《南方农村报》“小草行动”和大茂名网的3名志愿者带着花篮和慰问金，前往医院探望小悦悦及其父母。

2012年3月15日

《南方农村报》“小草行动”联合罗定义工、罗定培英科艺学校等热心人士，专程到罗定福利院（孤儿院）探望老人和孩子，为他们打扫卫生，并送上丰富的礼品。罗定培英科艺学校的同学们还为该院的孤儿、老人送上精彩的文娱节目。

2012年3月18日

《南方农村报》“小草行动”联合共青团茂名市委、茂名市青年志愿者协会、大爱茂名志愿者服务总队等有关单位，于羊角中心小学，举办茂名市第二期“朝阳快乐营”。

2012年4月9日

《南方农村报》“小草行动”联合罗定义工、罗定E天空等开展的“大爱无疆——温暖孤儿爱心包行动”，共募得爱心包477个，价值6万多元。罗定市小学阶段以下的孤儿不日都将领到一个爱心包。

2012年4月30日至5月1日

《南方农村报》“小草行动”联合阳春爱心助学社在阳春市城云路建委草坪榕树头举行“情系山区，五一义卖活动”，获得众多市民支持，共筹得善款6 271元，善款将用于资助双窖镇和永宁镇的部分特困学生。

2012年5月27日

《南方农村报》“小草行动”联合大爱茂名志愿者服务总队、高州春晖志愿者服务队前往高州市谢鸡镇文村探访留守儿童，把茂名三有家居文化广场“周末爱心拍卖”活动筹集的助学资金及六一礼物送给孩子们。

同日，《南方农村报》“小草行动”联合罗定义工走进罗定龙湾镇棠棣小学，开展“手拉手•心连心”活动。

2012年6月9日

《南方农村报》“小草行动”联合信宜玉都风情网举办的“快乐六一，爱心同行”助学活动，在信宜市池洞镇双垌小学举行。当天，小草行动为19名贫困学生发放助学金，其中为广东医学院大四学生罗圣熙提供4 000元免息贷款。这是“小草行动”第二次对其进行免息助学贷款。

“小草行动”联合信宜玉都风情网，给心脏病患者治病

2010年7月22日，由《南方农村报》“小草行动”联合高州市人民医院、信宜市妇联等单位发起捐助的信宜市先天性患儿黄龙英，接受手术后病愈出院。此活动中，“小草行动”筹集医疗费1万多元，高州市人民医院减免部分医疗费。目前，“小草行动”每月还对其生活进行资助。

“我是幸运儿，手术能顺利进行，离不开南方农村报、网友、医院和政府的热心帮助，感谢你们!”出院回到家的黄龙英十分激动。

广东乐昌解放60年 贫困生上学仍只吃萝卜干

由《南方农村报》“小草行动”与爱心互助协会联合发起的第一次助学活动，决定资助我省乐昌市白石镇新田村的部分贫困生。资助前的为期两天的家访调查工作已于2010年8月15日结束。首批共17名受访贫困生有望9月开学前获得资助，每生每月100元，直至其高中毕业。

接下来，“小草行动”和爱心互助协会将逐步加大对粤西、粤北贫困山区孩子的助学力度，有资助意向的读者，可与“小草行动”联系。

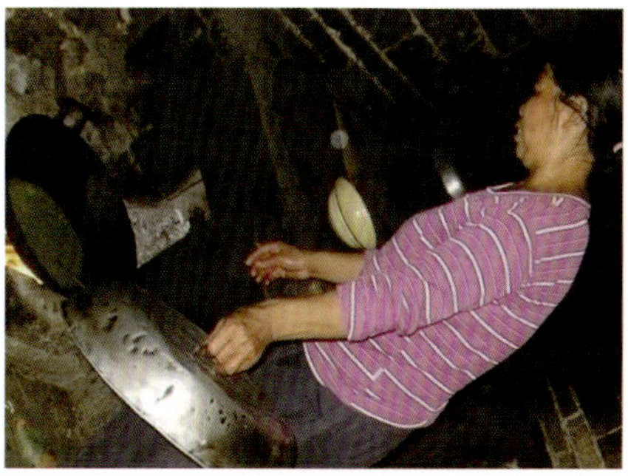

贫困生的午餐

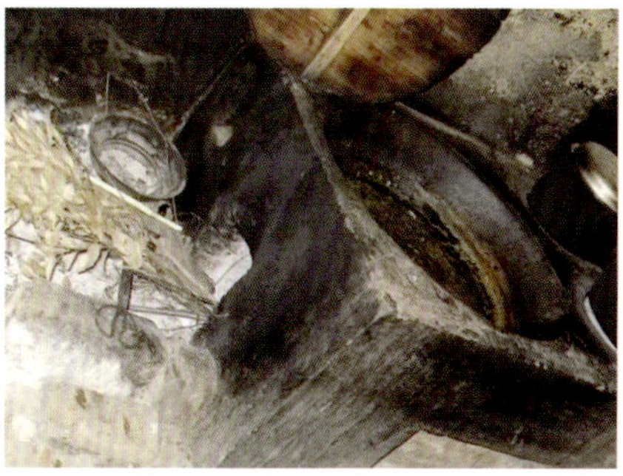

贫困生的厨房

贫困生的睡房

贫困生饭厅堆满杂物

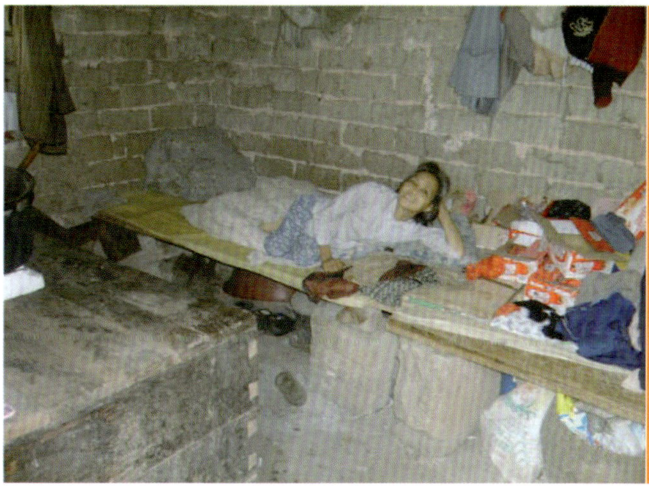

贫困生白军兰长年卧床的母亲

“小草行动”：各界积极参与信宜四村灾民获助

2010年10月2日，由《南方农村报》“小草行动”、广东摩托车发展研究中心联合当地网站开展的救灾公益活动在信宜市钱排镇举行，共筹集救灾物资折合人民币10多万元。

活动当天，《南方农村报》记者与30多名爱心志愿者一道，探访了受灾严重的钱排镇达垌、双合和平塘镇替棉、罗镈等四个受灾最为严重的村庄，为部分受灾严重的灾民送上救灾物资和慰问金。

志愿者把救灾物资搬进达垌村救助站，救助站升起了灾后第一面国旗。

老人亲眼目睹亲人被洪水冲走，领到慰问金，他感激又伤心。

自《南方农村报》联合玉都风情网开展救灾活动以来,社会各界均积极参与。广东摩托车发展研究中心呼吁摩托车厂向广东灾民伸出援手,倡议得到了信宜市五洲车行、茂名劲力车行和韶关龙辉车行的积极响应,共筹到善款7 000元。其中,信宜五洲车行捐助了5 000元。

截至2010年10月2日,救灾爱心账户共筹到善款4万元,收到救灾物资价值2万多元。善款用来购买救灾物资和发放慰问金,目前,爱心账户还剩下9 000多元。接下来,《南方农村报》“小草行动”将继续联合玉都风情网对灾区孤儿等特殊受灾群体进行帮助。

“小草行动”联手电白义工团开展助学活动

2010年10月23日，《南方农村报》“小草行动”和电白义工团联合茂名、阳江等地的热心人士，前往电白县爵山下海深泉村探望贫困生严彩霞一家，并送上爱心人士捐助的物与钱。“小草行动”现正联手电白义工团，在电白开展公益助学活动。

今年14岁的严彩霞就读于下海小学二年级，下有4个弟妹，家庭贫困，年近七旬的父亲平时靠帮村里人搬运杂物帮补生计，母亲则神志不清，已经瘫痪在床9年了。“全家就靠政府每月三四十元的低保补贴过日子。”

实地调查后，10月12日，“小草行动”和电白义工团联合发出帮助严彩霞的启事，随后，广州、茂名、阳江等地热心人士踊跃捐款捐物，截至10月23日，已筹到善款1万多元。目前，部分善款已用来为严彩霞一家购买床、衣服等物资，2 000多元给严家做生活费，余下的9 000元，则转交给下海小学，由学校按每月300元的标准按时发放给严彩霞姐弟。

一张课桌一份爱心

——“小草行动”情系灾区孩子

2010年10月30日下午，信宜玉都风情网、《南方农村报》“小草行动”将收集到的网友、商家的捐款购买112套崭新课桌，分别送给钱排双合小学、达垌小学，志愿者还为两间小学的4名贫困学生送上助学金、学习书籍、文具。

为了让灾区的孩子能在良好的学习环境中受到教育，当天清晨6点多钟志愿者们从信宜出发往高州，请来货车把这批课桌拉往钱排灾区，在双合小学、达垌小学志愿者们还与师生一道把课桌搬运到课室摆放整齐，用上崭新课桌，灾区孩子们高兴的心情被镜头定格下来，达垌小学还送来感谢信表达谢意！

崭新的课桌

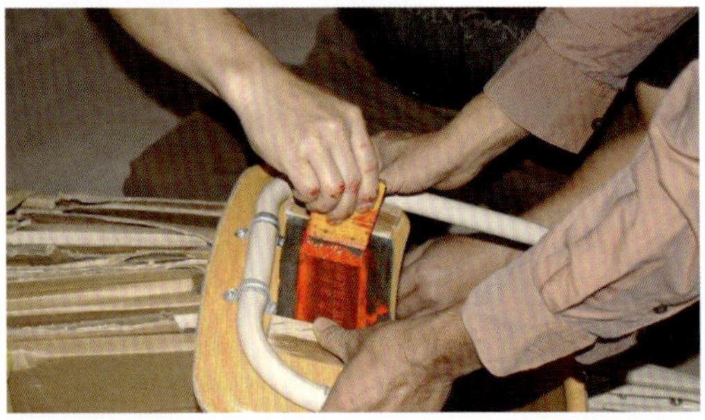

在高州平江装运课桌
112套中双力药房捐赠10套、员工捐赠2套

与双合小学师生一道搬运课桌

用上新课桌的双合小学三年级学生

校长签收给李氏姐妹的助学金和文具

志愿者和双合小学的孩子们在一起

达垌村村民与志愿者、师生一道帮忙搬运课桌

用上新课桌的达垌小学学生

达垌小学校长
签收捐赠物资

助学金和文具

达垌小学的感谢信

我们能做的仅仅只是改变双合小学一个教学班、达垌小学一个教学班学生的学习环境，我们期待更多慈善组织、商企对灾区学生倾注更多的关注与关心！

小草暖冬行动——“关爱寒冬中的孤寡老人、空巢老人”爱心活动

为了让这个冬天不太冷，电白义工团联合南方农村报发起了“小草暖冬行动”。

为电白县的四十多位孤寡、空巢老人送去温暖，为他们每人购置一床新被及一套棉衣，并亲自送到他们的手中，以确保他们能够安然过冬。

“小草行动”联合化州义工举行母亲节感恩活动

2011年5月21日，由《南方农村报》“小草行动”、化州市橘乡义工协会联合化州尖岗岭天然泉水厂、化州体育局、化州市第一中学等单位举办的“稀世锌泉之百善孝为先,化州市感恩父母大型洗脚活动”在化州市康景体育馆内举行。化州市政协副主席、统战部部长黄亚华等相关部门负责人出席了活动，化州生活网对此次洗脚活动进行了现场直播。

200多名子女,跪在地上，小心地为父母脱鞋、脱袜，将父母的脚泡在温姜水中，按摩、擦洗，再用毛巾轻轻擦干。看似平常的举动，却让现场的父母泣不成声。

“小草行动”为化州市良光镇各村群众送医送药

2011年7月16日，《南方农村报》“小草行动”联合化州市橘乡义工协会良光分会为化州市良光镇各村群众送医送药。

此次活动得到了化州市健群药业有限公司、吉林吉春制药厂等单位的支持。上述单位组织了18名拥有行医资格的义工为老百姓义诊。

义诊现场

热心企业无偿捐赠了价值6 000多元的保健品、口服液、凉茶等,免费派发给每一位前来看病的群众。

2010年3月,《南方农村报》"小草行动"对电白县旦场镇青屋村农家女蔡燕梅因患尿毒症无钱治疗一事进行了报道,社会各界纷纷捐资相助,共筹到善款30.5万元。

2010年7月23日,蔡燕梅在广州某医院进行了换肾手术,经过一年多的康复、休养,其身体恢复良好,体重已由刚做完手术时的56斤增加到现在的80多斤,医生认为她可以重返校园。

2011年9月1日开学，蔡燕梅重新回到昔日的母校旦场中学就读,被安排在初三(4)班。为了更好地照顾蔡燕梅，学校方面特别将其安排在一位管理细心的女班主任带的班里，并叮嘱她不能剧烈运动和干重体力活等。脸色红润的蔡燕梅表示，一定会好好学习，用优异的成绩来报答社会,报答所有帮助过她的好心人。

2011年8月27日，《南方农村报》报道了黄坤凤被精神病人打成重伤，家中积蓄花光无钱上学的情况，引起了社会各界的关注。

据统计，自《南方农村报》报道后，黄家已筹到善款将近10万元。

鉴于善款已足够黄坤凤在大学生活、学习，“小草行动”已停止为其募捐。

“小草行动”志愿者探望小悦悦父母

2011年10月20日，《南方农村报》“小草行动”和大茂名网的3名志愿者带着花篮和慰问金，前往医院探望小悦悦及其父母。与志愿者同时出现在医院的，还有从东莞赶过来的热心人士。当时小悦悦还在ICU抢救中，其父母在宾馆休息。随后，志愿者和东莞的热心人士来到小悦悦父母所住的宾馆。志愿者向小悦悦的父亲表达慰问之意，并转交了网友们的慰问信和慰问金。

小悦悦父亲鞠躬致谢

2011年10月13日，2岁的小悦悦（本名王悦）在佛山南海黄岐广佛五金城相继被两车碾压，7分钟内，18名路人路过但都视而不见，漠然而去，最后一名拾荒阿姨陈贤妹上前施以援手，引发网友广泛热议。

朝阳行动关爱老人儿童

《南方农村报》“小草行动”联合罗定义工、罗定培英科艺学校等热心人士，专程到罗定福利院(孤儿院)探望老人和孩子，为他们打扫卫生，并送上丰富的礼品。罗定培英科艺学校的同学们还为该院的孤儿、老人送上精彩的文娱节目。

朝阳行动关爱留守儿童

总有那么一些孩子，眼神落寞，因为父母为了生活远离他们，他们只能寄居在亲戚家或者跟爷爷奶奶在一起，他们比其他小孩更需要呵护与关注。3月18日，《南方农村报》“小草行动”联合共青团茂名市委、茂名市青年志愿者协会、大爱茂名志愿者服务总队等有关单位，于羊角中心小学，举办茂名市第二期“朝阳快乐营”。

罗定477名孤儿获赠爱心包

《南方农村报》2012年2月21日刊登消息《捐一个爱心包 助一罗定孤儿》后，众多爱心读者、网友踊跃参与活动。原本每个爱心包价值约80元，包括衣服1套、鞋子1双、袜子1双、书包1个、雨伞1把、毛巾1条、胶水杯1个、日记本1本、课外读物1本，但在爱心人士及爱心商家的资助下，爱心包的物品不断增加，价值超过了100元。双东达明纸品厂还为活动免费印制了纸箱。

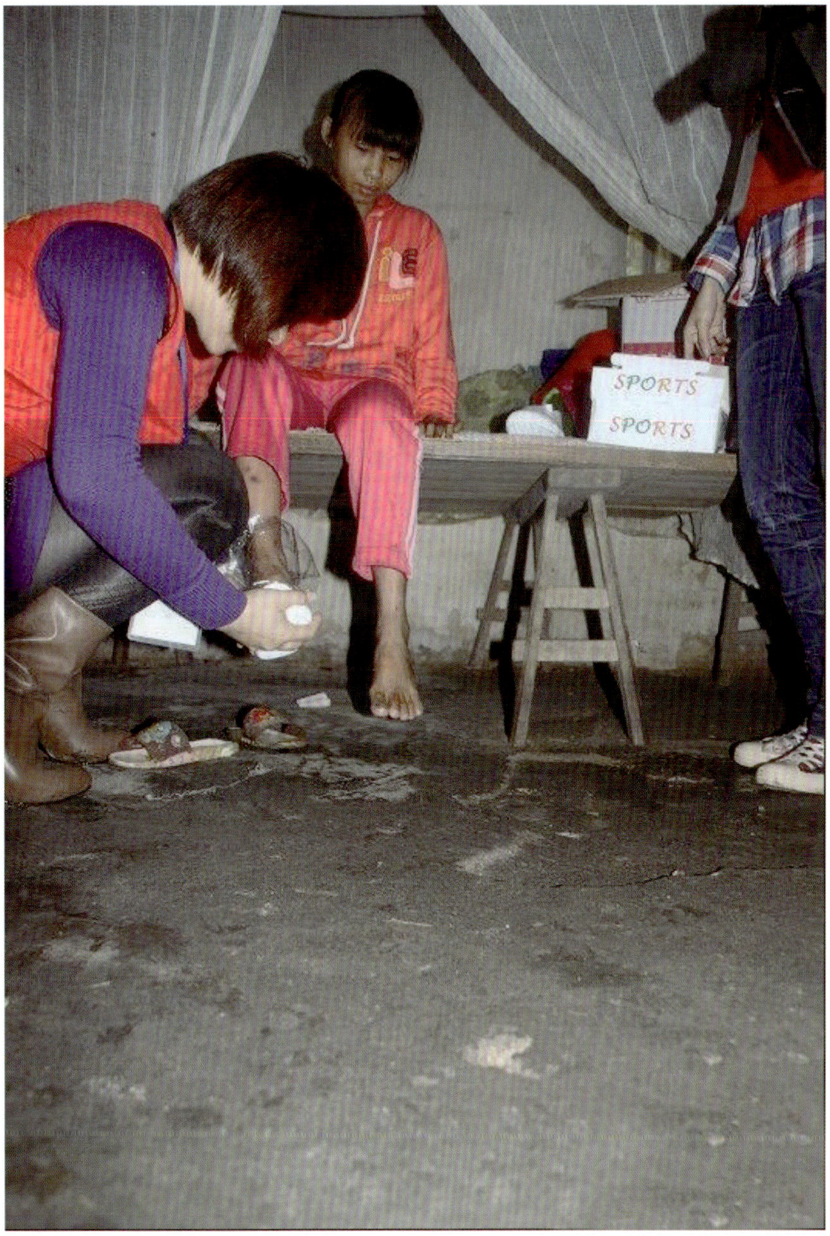

义工为曾才英试穿爱心包里的新鞋

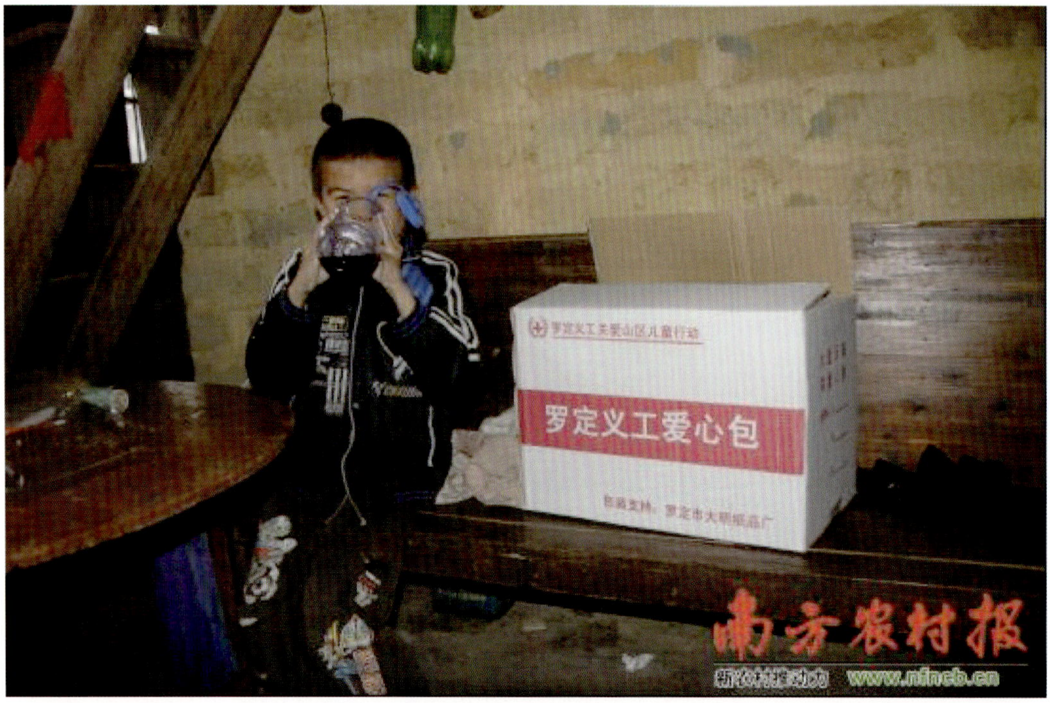

陈水贵一领回爱心包，就拿出水杯来盛水喝

历经一个多月的募捐，《南方农村报》“小草行动”联合罗定义工、罗定E天空等开展的“大爱无疆——温暖孤儿爱心包行动”，共募得爱心包477个，价值6万多元。罗定市小学阶段以下的孤儿不日都将领到一个爱心包。4月8日，首批孤儿——泗纶、加益和龙湾镇的90名孤儿从义工手中领到了爱心包。待爱心包发放完毕后，“小草行动”将进一步开展济困助学活动。

此次活动的资助对象不限于严格意义的父母双亡的孤儿，有些单亲孩子因为被遗弃或父母无力抚养，形同孤儿，也被纳入资助范围。4月8日，《南方农村报》记者走访了其中7家孩子。

阳春义卖筹款助贫困孩子伙食

阳春市近年调整农村义务教育学校布局，农村小学四至六年级的学生都要集中到镇中心小学就读，在学校住宿和吃饭，每个学期近千元的伙食费让一些贫困学生家庭一筹莫展。

为了减轻这些贫困生家庭的负担，阳春爱心助学社决定联合《南方农村报》"小草行动"，利用五一节假日，举行义卖，为贫困生筹伙食费。自义卖启事发布后，热心读者和网友纷纷拿出私人珍藏的茶具、十字绣、卡通玩具、新购的衣物等，送到志愿者手上。据悉，此次活动吸引了广州、深圳、东莞、中山和阳江等地热心网友的参与，阳春花姐义工队等公益团队也给予了大力支持。

2012年4月30日至5月1日，《南方农村报》"小草行动"联合阳春爱心助学社在阳春市城云路建委草坪榕树头举行"情系山区，五一义卖活动"，获得众多市民支持，共筹得善款6 271元，善款将用于资助双窖镇和永宁镇的部分特困学生。

“小草行动”志愿者探访留守儿童

2012年5月27日，《南方农村报》“小草行动”联合大爱茂名志愿者服务总队、高州春晖志愿者服务队前往高州市谢鸡镇文村探访留守儿童，把茂名三有家居文化广场“周末爱心拍卖”活动筹集的助学资金及“六一”礼物送给孩子们。

同日，《南方农村报》“小草行动”联合罗定义工走进罗定龙湾镇棠棣小学,开展“手拉手·心连心”活动。60多名义工给该校200多名学生带去了作业本、笔、文体用品等一大批礼物。同时,义工们还为孩子们送上了精彩的歌舞表演。最后,200多名孩子和义工一起跳起了《兔子舞》。

“快乐六一，爱心同行”助学活动

2012年6月9日，由《南方农村报》“小草行动”联合信宜玉都风情网举办的“快乐六一，爱心同行”助学活动，在信宜市池洞镇双垌小学举行。当天，“小草行动”为19名贫困学生发放助学金，其中为广东医学院大四学生罗圣熙提供4 000元免息贷款。这是“小草行动”第二次对其进行免息助学贷款。

广东医学院大四学生罗圣熙接受『小草行动』免息助学贷款

此次受助学生一共有20名，他们分别来自池洞镇双垌小学、蒲洞小学、岭底小学、信宜中学、信宜二中及广东医学院等学校。当天，“小草行动”为孩子们发放了助学金共13 800元。

活动再次获得深圳福得利科技公司的大力支持。同时，热心网友、商家等通过各种方式参与活动。

此外，信宜市邮政局和信宜消防中队也为孩子们送上生活、学习用品。助学金发放仪式结束后，“小草行动”志愿者与双垌小学留守儿童开展趣味运动会。

有意参与“小草行动”或有意愿捐献义卖物品、捐资的读者和朋友,请与《南方农村报》联系:

电话：020-83003077， QQ：554196917。

了解详情请登录《南方农村报》网址：

http://www.nfncb.cn/。